U0332092

# 矿业生物多样性保护初探

杨春 常方蓉 杨珊 等 编著

中南大学出版社
www.csupress.com.cn
·长沙·

采矿业与生物多样性研究丛书

# 编 委 会

\>>>                                    <<<

◇ 主　任

　　周科平　　孙立会　　陈立伟

◇ 编　委

　　周科平　　孙立会　　陈立伟

　　杨　春　　常方蓉　　杨　珊

　　康蔼黎　　张惠淳　　周　璇

## 矿业生物多样性保护初探

◇ 编　著

　　杨　春　　常方蓉　　杨　珊

　　康蔼黎　　张惠淳　　周　璇

　　孙懿琪

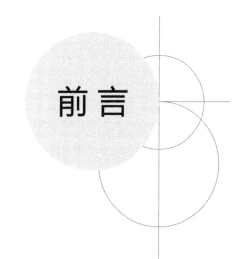

# 前言

矿产资源是人类社会和经济可持续发展的关键自然资源之一，矿产资源的开采和加工产生了大量的就业机会和财富，对于我国和世界各个国家的经济发展具有重要意义。

我国矿产资源繁多，涵盖金属矿、非金属矿、能源矿产等种类。然而，我国矿产资源地域分布较为分散，且质量上存在"富少贫多"的特点。因此，国内矿产资源禀赋现状难以满足日益增长的工业与经济发展需求，为保障国家资源安全，维持经济可持续发展，海外投资是中国矿业发展的必然方向。

在中国矿业"走出去"战略驱动下，国内矿企在海外业务的持续拓展和项目点的增多，对于增强我国矿产资源的全球供应链布局具有重要意义。然而，中国企业海外矿业投资之路面临严峻政治、经济、社会、环境等诸多风险，需要在长期战略和日常运营中做好规划和管理。矿业企业生产和经营过程中，对于投资风险的精准防控是企业长远发展的必要条件，也是推进中国"一带一路"倡议实施，树立中国矿业绿色发展新形象的坚强后盾。

矿产资源开发的全生命周期及产业链(地-采-选-冶-材)对矿区所在地及周边的自然生态系统，以及生物多样性会造成不同程度的干扰或破坏。

各国人民的生产生活都直接或间接地依赖生物多样性。健康的生态系统和生物多样性是社会可持续发展的基础，也是为子孙后代保护自然财富的关键。因此，矿业资源开发对生物多样性的影响不容小觑。尽管各国相关管理部门和矿业行业在管理和监督方面取得了进展，但其对自然环境所造成的干扰甚至不可逆的影响，仍是悬而未决的重大问题。

1992年6月，联合国环境与发展大会在巴西里约热内卢召开并通过了《生物多样性公约》(Convention on Biological Diversity)，将生物多样性提高到了与世界和平与发展同等重要的地位。该公约旨在保护全球生物多样性和可持续利用生物资源，被认为是国际上关于生物多样性最全面、最权威的具有法律约束力的条约。

2020年9月22日，国家主席习近平在第七十五届联合国大会一般性辩论上庄严宣布："中国将提高国家自主贡献力度，采取更加有力的政策和措施，二氧化碳排放力争于2030年前达到峰值，努力争取2060年前实现碳中和。"作为一项重要的战略决策，我国"双碳"目标解决的不仅是能源、气候问题，还有生物多样性危机。2021年10月8日，国务院新闻办公室发表的《中国的生物多样性保护》白皮书指出："中国坚持在发展中保护、在保护中发展，提出并实施国家公园体制建设和生态保护红线划定等重要举措，不断强化就地与迁地保护，加强生物安全管理，持续改善生态环境质量，协同推进生物多样性保护与绿色发展，生物多样性保护取得显著成效"。

2021年10月，联合国《生物多样性公约》缔约方大会第十五次会议(COP15)第一阶段会议在云南昆明召开，中国是大会主席国，国家主席习近平发表视频讲话。大会以"生态文明：共建地球生命共同体"为主题，旨在倡导推进全球生态文明建设，强调人与自然是生命共同体，强调尊重自然、顺应自然和保护自然，努力达成《生物多样性公约》提出的到2050年实现生物多样性可持续利用和惠益分享，实现"人与自然和谐共生"的美好愿景。大会于2021年10月13日通过了《昆明宣言》，呼吁各方为制定、通过和实施一个有效的"2020年后全球生物多样性框架"贡献最大力量。2022年12月，COP15第二阶段会议在加拿大蒙特尔圆满召开并取得多项重大成果，我国作为大会主席国，引领和推动 196 个缔约国通过了《昆明-蒙特利尔全球生物多样性框架》，为全球生物多样性未来十年的治理绘制了清晰的路线图。

2022 年 10 月 15 日，中国共产党第二十次全国代表大会在北京召开，党的二十大报告指出，提升生态系统多样性、稳定性、持续性。以国家重点生态功能区、生态保护红线、自然保护地等为重点，加快实施重要生态系统保护和修复重大工程。推进以国家公园为主体的自然保护地体系建设。实施生物多样性保护重大工程。统筹产业结构调整、污染治理、生态保护、应对气候变化，协同推进降碳、减污、扩绿、增长，推进生态优先、节约集约、绿色低碳发展。

随着生物多样性保护成为国际热点与主流话题，生物多样性风险和影响受到的关注与日俱增，各个国家正着手制定更为严格的治理政策，提高合规运营门槛，确保生物多样性的保护和恢复。因此，提高矿业产业链各环节相关企业对生物多样性保护的重视程度、推动企业建立完善的生物多样性风险管理机制和规章制度，已成为企业减少相应的运营和转型风险、完善可持续发展战略和运营的重要议题。

为了解中国矿业企业在生物多样性保护方向的需求，提高矿业行业对生物多样性保护重要性的认知，促进采矿业生物多样性主流化，中南大学资源与安全工程学院于 2022 年 11 月 25 日举办了"矿山生物多样性保护"专题培训活动。依托中南大学矿业工程及有色金属学科体系行业领军优势，邀请了中国五矿化工进出口商会、野生生物保护学会北京代表处（Wildlife Conservation Society）、英国生物多样性咨询公司（The Biodiversity Consultancy）三家单位进行专题讲座，全面分析了规则重构背景下中国海外矿业投资风险与应对实践、生物多样性与矿业产业关系，分享了国际矿业生物多样性保护典型案例。专题培训活动有近 40 家国内矿业企业及 60 余名高校人员参与，使得生物多样性保护议题进一步走入矿业人的视野。

为充分掌握中国矿业企业海外投资就生物多样性保护已采取的行动和面临的风险，提高矿业企业环保风险应对能力，中南大学资源与安全工程学院周科平教授及团队成员与中国五矿化工进出口商会孙立会主任带领的关键矿产责任倡议团队自 2022 年 11 月至 2023 年 1 月策划实施了中国海外矿业投资生物多样性保护现状调查研究项目。关键矿产责任倡议发起人孙立会及其团队在本研究项目总体策划、技术路线制定、企业调研访谈方面给予了专业指导。中南大学杨春、常方蓉、杨珊通过访谈、问卷调查等方式全面梳理了中国铝业集团有限公司、中色卢安夏铜业有限公司、洛阳栾川钼业集团股份有限公司、紫金矿业集团股份有限公司、青山控股集团有限公司等企业海外矿业项目的生物多样性保护措施、资金投入、政策法规、技术需求等内容，选取其中 3 个案例并整合中国矿业海外投资历程及国外矿山生物多样性保护典型案例形成该书。特别感谢上述企业参与访谈的工作人员，同时也感谢野生生物保护学会在成书过程中就国内外政策和案例梳理、调查问卷设计及生物多样性内容给予的专业指导；感谢"中英合作国际林业投资与贸易项目(InFIT)"及张君佐博士对本研究项目的支持。

2023 年 3 月 19 日，中共中央办公厅印发了《关于在全党大兴调查研究的工作方案》并发出通知，要求各地区各部门结合实际认真贯彻落实。本书紧紧围绕全面贯彻落实党的二十大精神，采用调查研究方法，坚持问题导向，直奔生物多样性保护主题，全面了解矿业企业需求，梳理了具有实践性的解决矿业企业应对环保风险的新思路、新方法。本书主题、实施路径与国家战略需求与政策方向高度契合。

为进一步深化矿山生物多样性保护主题，系统研究矿山生物多样性保护措施，彰显中南大学矿业工程学科特色，中南大学资源与安全工程学院联合中国五矿化工进出口商会、野生生物保护学会发起成立"矿业生物多样性研究与促进中心"，挂靠在中南大学(筹建中)。该中心旨在促进生物多样性保护成为矿业领域的主流议题，推动并落实矿业各环节生物多样性保护工作，为企业实践提供理论依据与技术支持。

因成书时间短，且作者知识水平有限，书中收录的矿山生物多样性保护案例相对较少，也难免存在疏漏及不足之处，敬请读者不吝赐教。

# 目录

第1章

# 中国企业海外矿业投资机遇及生态环保风险

　　矿产资源对人类社会的发展和繁荣至关重要，其供应和利用不仅关系经济和生产力的增长，还关系国家的安全和可持续发展。在经济全球化背景驱动下，中国矿业企业积极寻求国际市场机会，实施海外投资和并购，助力自身和行业整体的发展。中国矿业"走出去"战略是中国企业实施全球化战略的一部分，也是中国政府支持中国矿业走出去的重要行业战略。但是，中国矿业企业海外投资面临诸多挑战。一是受政治、经济、文化等多种因素的影响，外部环境存在较大的不确定性；二是包括发达国家、新兴市场国家在内的国际竞争激烈；三是政治风险、市场风险、人文风险等海外投资并购风险较高。相较于其他产业，矿产资源开采过程不可避免地会涉及土地结构变动、水土污染、生物多样性和生态系统受到干扰或破坏等环境问题，并面对由此引发的环境和社会风险。

　　矿业企业生产和经营过程中，对于上述风险的精准防控是企业长远发展的必要条件，也是推进中国"一带一路"倡议实施，树立中国矿业绿色发展新形象的坚强后盾。生物多样性是人类赖以生存的重要生态基础之一，是维护生态平衡、促进人与自然和谐发展的重要组成部分。中国企业在海外矿业投资过程中，加强矿山生物多样性保护，是解决矿产资源开发过程诱发的环境和生态安全问题的有效途径之一。

# 1.1  矿业海外拓展动因

当前，中国很多矿业企业出于几个方面的原因，纷纷"走出国门"，对国外矿产资源进行开发利用是一种必然。本章节从三个不同方面对主要驱动因素进行了初步梳理[1]。

## 1.1.1  我国矿产资源现状

我国是世界上为数不多的资源丰富、矿产种类较为齐全的国家。我国矿产资源中，能源矿产资源比较丰富，但资源结构并不理想。其中，煤炭资源占比较大，石油和天然气资源占比较小。

我国煤炭资源具有以下特点：储量巨大，品种齐全，但品位参差不齐，优质焦煤和无烟煤储量少，分布广泛，不同储量地域丰度差异大，西部和北部地区储量丰富，东部和南部地区储量贫乏；露天煤矿数量少，以褐煤为主；煤层伴生矿物品种多。我国石油和天然气资源具有以下特点：石油储量大，是世界上可开采石油储量超过 150 亿 t 的 10 个国家之一；探明率低，陆上探明储量仅占总探明储量的 1/5，海上探明储量比率更低；分布集中，石油资源总量的 73% 分布在面积达 10 万 km² 的 14 个盆地，天然气资源总量的 50% 以上分布在中西部地区；油气资源埋藏深，地质条件复杂。我国还拥有丰富的其他能源矿产资源，如地热和油页岩资源。

我国矿产资源由于大地构造带和成矿条件的不同，各地区的分布不尽相同，矿物类型、储量和质量也存在较大差异。东部、中部、西部地区的矿产资源分布具有不同的特点。东部地区位于我国主要河流的下游，主要被平原覆盖,偶尔被丘陵隔开,地势平坦,河流发达,临海且交通便利。作为我国经济发展和对外开放的领先地区,东部地区工业化、城市化程度高,科技和经济发展优势突出,其原材料工业生产在全国占有重要地位。中部地区拥有丰富的能源、多金属和非金属矿产资源,20 多种矿产资源占全国总储量的 50% 以上。中部地区作为我国能源、原材料等基础产业的主要基地,原煤和原油产量均占全国产量的 50% 以上,铜、磷矿石产量占全国产量的 40%。煤炭工业在国民经济中起着关键作用,山西及其周边地区的煤炭资源丰富,是我国最大的能源资源基地,大庆油田和中原油田都是我国的大型石油基地。西部地区矿产资源的集中分布使其具有较强的比较优势,为支柱产业的发展提供了雄厚的资源基础。在全国已探明储量的 157 种矿产资源中,西部地区发现了 138 种,该地区有色金属资源丰富,是非金属矿产资源的重要蕴藏区,还发现了多种高品位的金属和非金属矿石。

我国的非能源矿产资源是我国经济的重要组成部分,在许多行业的全球供应链中发挥着关键作用。例如,我国是世界上最大的稀土生产国,占全球产量的 80% 以上。稀土广泛应用于金属、催化剂、玻璃、新型陶瓷、冷凝器、过滤器、传感器、永磁体、荧光材料、激光、超导体等领域[2],以及紫外线吸收剂、阴极射线管玻璃着色材料等高新技术产业[3]。

我国也是世界上最大的钨生产国,占全球产量的 80% 以上。钨被广泛用于生产老式白炽灯泡的灯丝,但老式白炽灯泡在许多国家已经被逐步淘汰。钨的熔点是所有金属中最高的,它可与其他金属合金化以增强强度,因此钨及其合金常应用于许多高温环境。钨合金有"工业牙齿"之称,如钨合金可用于制成弧焊电极和高温炉中的加热元件。碳化钨由钨粉和碳粉在 2200℃ 温度下制成,具有高硬度特征,对金属加工、采矿和石油工业非常重要。此外,钨酸钙和钨酸镁广泛应用于荧光灯照明中。

我国是世界上最大的锡生产国,占全球产量的 40% 以上。锡已经存在了数千年,早期锡制品有青铜(锡和铜的合金),超市常见的罐头包装多为锡制品,锡还可被用来制作家居装饰、台面和珠宝等。

我国是世界上最大的锑生产国，锑产量占全球产量的 70% 以上。锑用途广泛，可应用于阻燃剂、电池和陶瓷。我国也是钼的主要生产国，钼产量约占全球产量的 40%，钼可提高钢的强度和韧性、耐磨性，改善钢的淬透性、焊接性和耐热性等，是钢铁行业不可或缺的金属元素。

尽管我国矿产资源总量丰富，但人均占有量却很少，仅为世界平均水平的 58%。我国人均占有铝、铜和镍的储量不及世界平均水平的 1/3；人均占有铁、铅、磷三种元素的储量不及世界平均水平的 1/2。尽管我国矿产资源种类比较齐全，但铁、铜、金刚石等矿产探明储量相对不足或短缺，特别是大宗矿产资源相对缺乏。我国矿产资源开采条件较差，以金属资源为例，呈现典型的"多、小、散"赋存特征。我国矿床以中小型矿床居多，大型和超大型矿床少，且多为共生矿和伴生矿，单一矿床较少。我国贫矿比较多，富矿少；难采、难选、难冶矿较多。

## 1.1.2　我国矿业企业发展形势

采矿业在确保工业生产和人类生存所需矿物的稳定供应方面发挥了关键作用，各国政府均实施各种政策来促进其发展。很多中国矿业企业已经意识到国外矿产资源的开发利用对企业长远发展的重要性，"走出去"的愿望愈加强烈。一些中国矿业企业在全球范围内参与矿产资源竞争，通过参与国际竞争、熟悉国际规则、学习先进技术和管理理念，在企业发展中找到新的突破口，提高企业竞争力。当然，还有一个关键点支撑中国矿业企业"走出去"，那就是已经有一批矿业企业经过多年的经济发展，具备了基本的海外业务拓展条件。

第一，很多矿业企业经过多年的矿业开发，在勘探、开采、生产技术、管理、经营模式等方面都有自己的优势。

第二，经过多年的生产积累和市场运作，中国已经产生了一批经济实力雄厚的矿业企业，这些企业为现代化建设提供了 93% 的能源、80% 的工业原材料及 70% 的农业生产资料，其中，大型、中型、小型矿业企业分别约有 500 家、1250 家、15000 家。

第三，随着经济全球化的发展和矿业企业的做大、做强，许多企业的经营思路已由市场经济意识向国际化经营转变，经营目标已不再是满足于国内产销对路，而是努力成长为具有较强国际竞争力的企业，企业经营战略也由以国内市场为导向，转变为以国内外市场为导向。

第四，面对国际竞争加剧的新形势，许多矿业企业不再固守保守的稳健型、紧缩型经营策略，而是选择扩产或开拓新市场以提高竞争地位的发展型经营策略。

第五，国内众多矿业企业一改过去分散经营、内向型联合经营的传统做法，纷纷组建大企业集团，走上集团化经营之路，建立适应国际市场竞争、符合国际惯例的运行机制，以进一步增强企业竞争力，适应企业发展需要。

第六，我国多年来的开放政策，为许多矿业企业的发展提供了借鉴，使它们在市场经济和国际化经营方面积累了一定的经验。

"走出去"参与全球资源开发，将按照现代企业制度，倒逼企业不断转型，最终培育和打造出具有相当经济实力的现代矿业企业，参与国际矿产开发市场竞争。国内许多矿业企业已经具备上述参与国际竞争的一些基本条件，"走出去"推动着中国矿业企业拓展海外业务，也成为众多矿业企业的动力和发展目标。

## 1.1.3　全球矿业竞争形势

在未来的 10 ~ 15 年，世界矿产资源的竞争将面临更加激烈的形势。

首先，全球资源配置的总格局不容乐观，全球资源整体上已经为发达国家掌控。虽然目前全球资源整体上仍供大于求，但是占世界人口不到 1/3 的发达国家消耗了全球 3/4 的矿产资源，而占世界人口约 3/4 的发展中国家的矿产资源消耗量却不到1/4。发达国家通过矿业海外扩张，积累了雄厚的资本，培育了一批强大的矿业企业，并控制了全球大部分的优质资源，在一定程度上左右了全球的矿业市场，使其对全球矿产资源获取的保障程度不断提高。

目前，美国对石油的进口依赖程度已超过50%，除油气外的固体矿产，在海外的份额矿年产值为40亿美元以上，约占其矿业总产值的10%，美国公司每年70%以上的黄金勘查支出用于海外。日本对石油的进口依赖程度达99.7%，其中20%来自其海外基地，铅、锌、铝、镍等主要金属的消费量，分别占全球的12.7%、7.9%、12%、13.1%。法国在海外自主开发的石油占其石油进口量的52%。英国跨国矿业公司力拓集团（RIO Tinto）在2021年的铁矿石产量达3.197亿吨。南非7家大矿业公司的产值占全球固体矿产总产值的12.5%。加拿大的矿业公司在100多个国家拥有近4000处矿地产。

其次，全球矿产资源的竞争将进一步加剧。自20世纪70年代以来，发达国家完成了工业化，由于金属二次资源的循环利用比例加大，矿产品的需求量已趋于稳定。但大批发展中国家正进入大规模工业化阶段，其矿产资源消费量的增长速度和规模，将大大超过20世纪六七十年代，资源竞争将更加激烈。

全球所有国家都无法实现矿产资源的自给自足，无论是发达国家还是发展中国家的新兴经济体，都需依托全球资源战略支撑矿业资源的供给。无论是矿业自身，还是国家经济的可持续发展，都需依赖资源的可持续供给。当前的全球矿业竞争形势决定了我国矿业必须走国际化之路。我国也只有在全球矿产资源竞争越来越激烈之际，把握好有利时机，走国际化道路，积极参与全球矿产资源的重新配置和开发转型，才能在全球经济发展中保持不败。

## 1.2　矿业海外投资发展历程

从中国启动"走出去"战略开始,矿业一直是中国企业境外投资的主要领域之一。到 2020 年末,中国采矿业对外直接投资 1758.8 亿美元。根据投资热度的周期性变化,以及投资主体和投资特点的不同,中国境外矿业投资大致可分为探索起步期、快速增长期和转型发展期三个阶段。

### 1.2.1　第一阶段(2004 年以前),探索起步期

中国矿业"走出去"始于 20 世纪 80 年代末,第一批境外矿业投资的主体 70% 是大型国有矿业企业,民营企业占比 30%。从投资方式看,本阶段大部分矿业项目在政府间合作推动的背景下获得,39% 的矿业项目采取与外资企业合作经营的方式进行开发。从项目阶段看,矿业项目达产率高达78%,大部分矿业项目历经 30 年的坎坷发展,至今依然是我国境外矿业的优质产能。

### 1.2.2　第二阶段(2004—2013 年),快速增长期

自中国商务部 2004 年开始公布统计数据以来,采矿业一直位居中国对外投资的前四位。中国矿业企业在海外开展项目时会采用各种策略,而且这些策略还在不断演变。中国投资海外矿业有许多潜在的积极结果,与采矿有关的大量资本注入可以刺激工业,并有助于发展中国家建设急需的基础设施;此外,采矿可以创造当地就业机会,增加矿区周围居民的收入,并

有助于下游产业的发展；在国家层面，采矿可以促进国内生产总值的增长和出口的增加[4,5]。

从投资主体上看，除大型国有企业外，民营企业进入境外矿业投资领域，项目数占比增加到47%，地勘单位也开始尝试境外勘查投资，占比约为6%，这一时期处于勘查阶段的境外矿业项目数的占比高达29%。同时，有很多跨行业企业进入矿业领域，来自贸易、制造业、建筑和房地产等行业的企业在境外矿业投资中的占比增加至24%。

本阶段奠定了我国参与全球矿产资源配置的格局，众多企业取得了"走出去"开创性成果。在2014年举行的中国国际矿业大会上，商务部负责人指出，矿产投资正在成为中国企业海外投资的重要组成部分，截至2013年年底，中国海外矿业投资金额达248亿美元，同比增长83%。然而，本阶段中国矿业境外投资也有诸多盲目和不理性的投资，如地勘单位境外投资出现大面积矿业权灭失，在对国际矿业规则和项目尽调等方面经验不足，入手了很多死矿和呆矿等。

### 1.2.3  第三阶段(2014年至今)，转型发展期

21世纪初，非能源、资源领域的对外投资1000万美元以上须经过中央核准，1000万美元以下由地方核准；能源、资源领域则以3000万美元为划分线。2011年，非能源、资源领域的投资权限上升至1亿美元，1亿美元以上须经过中央核准，1亿美元以下由地方核准，能源领域的标准为3亿美元。国务院公布的《政府核准的投资项目目录(2013年本)》规定，无论国企还是民企，只要不涉及敏感领域和地区，10亿美元以下的境外投资将不再需要送发改委各级部门核准，而只需要提交相应材料进行备案即可，这从一定程度上鼓励了企业海外投资。

然而，2014年起中资境外矿业投资的热度持续下降，矿业对外投资流量占比下降到5%，投资存量占比下降到11%。但从投资成效看，本阶段的

中国矿业境外投资趋于理性成熟，且成效甚好，是前两阶段单个项目平均资源价值和单个项目平均产能价值的 3 倍以上。从项目规模上看，三个阶段收获的大型矿业项目占比也在逐步攀升，到第三阶段，大型项目占比高达 62%。

从投资主体上看，经过市场的竞争选择，大型国有企业和矿业领域企业重新占据了主导地位，占比分别为 57% 和 83%。从投资领域上看，对新能源领域矿产（锂、钴、镍）和铜矿投资热度有所增加，项目数占比较第二阶段的上升幅度分别为 44% 和 26%，对铁矿、煤炭的投资热度降低，降幅分别为 49% 和 40%。

随着中国企业海外矿业投资经验的不断积累，中国矿业企业已转向在低成本地区开发矿山，并继续在拥有成功投资记录的国家开展业务。截至 2021 年 3 月份，中国在非洲和欧洲参与了 52 个初级铜项目，占中国对外项目总数的 60%。中国的 45 个初级黄金资产分布在中亚等国、欧洲等国和澳大利亚，占海外金矿总数的 67%。经历了以上三个阶段的发展，我国矿业国际合作已初具规模。

# 1.3　矿业企业海外拓展的发展战略

## 1.3.1　国家现行对外矿业发展战略

2004 年之后,随着中国经济高速发展,矿产资源供需矛盾突出,中国全球化矿业战略逐步实施。中国地质调查局发展研究中心连长云等人总结了中国全球矿产资源的战略总体规划及保障措施[6]。

(1)我国全球矿产资源战略指导思想

我国全球矿产资源战略指导思想是,以保障矿产资源的长期、稳定、安全供应为目标,以推动经济可持续发展为根本出发点,以经济全球化为契机,以资本运营和市场培育为突破口,坚持互惠互利和平等合作原则,积极推进国家急需的矿产资源在全球范围内的优化配置进程,提高中国矿产资源保障程度,为实现第三步战略目标奠定坚实的基础。

(2)我国全球矿产资源目标

通过"走出去"实施全球矿产资源战略,要实现以下战略目标:建立一批我国短缺资源的国外矿产生产供应基地,改变目前我国矿产品进口基本从国际市场购买的局面,为国家长期、稳定、经济、合理地利用国外矿产资源提供保障;形成一批具有一定规模和实力的跨国矿业企业,培养一批既懂专业又熟悉国际经营的队伍,使我国跨国勘查开发矿产资源的国际竞争能力达到发展中国家的先进水平;支持矿产资源丰富的发展中国家建立民族工业,促进与发展中国家外交与经贸关系,推动我国国际地位的提高;建立较为完善的、既符合国情又符合国际惯例的参与全球矿产资源勘查开发政策、管理与服务的保障体系；促进我国矿业结构调整和现代矿业经济体系的建立，使其成为矿业经济发展新的增长点。

（3）我国全球矿产资源战略基本原则

我国全球矿产资源战略基本原则有2个：

①国家经济利益原则：中国全球矿产资源战略是国家全球战略的重要组成部分，其终极目标是保障国家经济可持续发展目标的实现。

②地缘政治区与资源优势区相结合原则：中国全球矿产资源战略应优先考虑重要的地缘政治与资源优势相重叠的地区。

（4）我国全球矿产资源战略重点

"走出去"战略着眼于全球矿产资源，在利用方式上采取贸易与勘查、开发并举的策略，逐渐改变单纯依靠贸易进口的状况，采取贸易与开发并举的方针，通过多种方式利用国外矿产资源。"走出去"全球矿产资源战略，在坚持以经济效益为中心的同时，首先保证我国国内短缺资源的稳定供给。应坚持补缺、择优的原则，以我国资源短缺的或缺少国际竞争力的大宗支柱矿产为重点，兼顾其他矿产，具体则以石油、天然气为重点并将我国大宗支柱性短缺矿产作为国家重要战略矿产，以铜、富铁、钾盐、富锰、铬为主。在国家和地区选择上，要充分利用我国的政治优势和地缘优势，多元化发展。要以矿产资源丰富的发展中国家，特别是我国周边和非洲国家为重点，积极争取与油气资源丰富的中东地区合作，兼顾拉丁美洲，渗透其他一些矿产资源丰富的国家，实现我国矿产资源供给在全球范围内的优化配置。

（5）我国全球矿产资源战略保障措施

实施全球矿产资源战略国家的相关保障措施为：政府有关部门根据国外矿业开发投资大、风险大、周期长的特点，认真规划，精心组织和实施，努力形成以企业为主体、以市场为导向、以经济效益为中心、按国际投资惯例运作的良性投资机制。政府要先行，为企业铺路搭桥，提供信息服务。通过规划、扶持和管理，提高对外矿业投资的整体水平，提高企业国际矿业开发的竞争能力。

2013 年 9 月和 10 月，中国国家主席习近平分别提出建设"新丝绸之路经济带"和"21 世纪海上丝绸之路"的合作倡议。"一带一路"倡议让中国和世界更加紧密地联系在一起，同时也建立了一个互利共赢的平台，促进更多的国家和地区进行全方位的合作。伴随经济全球化进程的加快及"走出去"战略的推进，我国企业也开始结合自身需求走国际化经营道路，即寻找海外市场的投资机会，通过收购兼并等方式提升国际竞争力。

同年，商务部和环境保护部联合印发《对外投资合作环境保护指南》（商合函〔2013〕74 号），对规范企业对外投资合作中的环境保护行为，引导企业积极履行环境保护责任，推动对外投资合作可持续发展，发挥了积极作用。进入新发展阶段，对外投资合作领域需要全面贯彻创新、协调、绿色、开放、共享的新发展理念，加快构建以国内大循环为主体、国内国际双循环相互促进的新发展格局，推动对外投资合作建设项目高质量发展。

从 2021 年开始，国家主席习近平先后在博鳌亚洲论坛、领导人气候峰会、第 76 届联大一般性辩论等国际场合提出，要坚持开放、绿色、廉洁理念，采取绿色基础设施、绿色能源、绿色交通、绿色金融等措施，努力实现高标准、惠民生、可持续的目标，并提出"中国将大力支持发展中国家能源绿色低碳发展，不再新建境外煤电项目"等重大宣示，在国内外引起了广泛关注。在第三次"一带一路"建设座谈会上，习近平总书记强调指出，要探索建立境外项目风险的全天候预警评估综合服务平台，全面强化风险防控。这些新理念、新要求，亟待通过以对 2013 年印发的《对外投资合作环境保护指南》进行修订的形式纳入其中。

2022 年 1 月，生态环境部、商务部发布了新版《对外投资合作建设项目生态环境保护指南》（以下简称 2022 版《指南》），指导企业进一步做好对外投资合作建设项目生态环境保护工作，推动项目绿色高质量发展。值得注意的是，2022 版《指南》针对生物多样性保护提出了以下要求：①将"环境保护"修订为"生态环境保护"，这一变化意味着环保内涵和范围的拓展与丰富，由污染防治为主拓展为污染防治、应对气候变化、生态系统和生物多样性保护等方面；②企业应关注东道国（地区）制定的生物多样性保护战略和行动计划，充分考虑项目所在区域的生态功能定位，减少对当地生物多样性的不利影响，推动实现生物多样性保护和可持续利用；③突出能源矿业行业要求，新增关于能源、石油化工、矿山开采、交通基础设施等重点行业生态环境保护的具体规定。其中，矿山开采领域需采取有效的污染治理措施控制各项污染物，加强环保设计，减少生态破坏和土地占用，开展生态修复和生物多样性保护。

与发达国家相比，中国实施矿业海外拓展战略（即全球矿产资源战略）起步较晚，20 世纪 80 年代才开始意识到该战略的重要性并逐步实施，已经过近四十年的实践和发展。目前，我国的全球矿产资源战略体系已初步形成。根据国际投资环境的变化，国家和地区矿业政策密集调整，挑战与机遇并存。从中长期看，我国对战略性新兴矿产的需求加速增长，这决定了中国将继续推动全球矿业的可持续发展和结构性变化，坚定不移地维持海外矿产资源投资战略。

### 1.3.2　中国矿业企业海外拓展战略

本节内容仅针对五家代表性矿业公司海外拓展战略进行综述，内容来源于相关企业年度报告、官网全球布局介绍及企业年度环境、社会及管治（environmental, social and governance, 简称 ESG）报告等。

（1）紫金矿业集团股份有限公司（简称紫金矿业）

1993 年该公司仅有几十名员工，总资产几百万元，且艰难维持收支平衡。2000 年实行股份制改制并于 2003 年在香港上市，公司市值增长了近 250 倍，为此后海外矿业投资奠定了经济基础[7]。从 2005 年开始，紫金矿业迈出了国际化的第一步，特别在 2013 年国家提出"一带一路"倡议后，紫金矿业在"一带一路"沿线国家的重点投资方向加大投资力度，被称为中国矿业在"一带一路"投资的先行者。目前，紫金矿业已发展成为一家大型跨国矿业集团，在全球范围内从事铜、金、锌、锂等金属矿产资源勘查与开发、工程设计、技术应用研究、冶炼加工及贸易金融等业务，拥有较为完整的产业链。

2021年起，紫金矿业吹响了十年"三步走"建成全球超一流金属矿业公司的"号角"。面对全球疫情等多重挑战，公司坚持"深化改革、跨越增长、持续发展"工作总路线，全面加强疫情防控、疫苗接种和人文关怀，全体紫金人勇毅坚守、艰苦奋斗，实现了业绩增长、生产经营、重大项目建设的"超预期"，主营矿产品量价齐增，主要经济指标创历史新高，位居中国行业首位、全球前十，全球竞争力显著增强。公司深度对接"碳达峰、碳中和"目标，抓住全球清洁能源转型升级重大战略机遇，重新定位战略总目标为构建"绿色高技术超一流国际矿业集团"，开启了发展全新篇章，并在全球化布局过程中取得了如下成就：

面向全球布局"增长群"规模效应形成：一批重大旗舰项目超预期建成投产，刚果（金）卡莫阿-卡库拉铜矿、塞尔维亚佩吉铜金矿、西藏巨龙铜矿等"三大世界级"铜矿超预期投产，助力公司成为全球主要铜企中铜产量增长最快的公司，进入全球金属矿业一流行列。刚果（金）卡莫阿-卡库拉铜矿二期有望提前带料试车，卡莫阿铜业50万t/a铜冶炼厂项目加速建设，建成后将成为非洲最大的铜冶炼厂；塞尔维亚紫金铜业MS矿千万吨级技改扩建项目顺利建成投产、VK矿新增4万t/a技改于2022年二季度投产；澳大利亚诺顿Binduli金矿堆浸项目、塔吉克斯坦泽拉夫尚热压氧化金矿项目等有序推进。公司自主建设能力进一步增强，成为西藏巨龙铜矿、刚果（金）卡莫阿-卡库拉铜矿等境内外重大项目建设攻坚核心力量。"矿石流五环归一"矿业工程管理模式深入推广应用，"以我为主"生产运营建设管理效率显著提升；大规模地下矿山崩落法采矿在塞尔维亚JM铜矿、塞尔维亚佩吉铜金矿下部矿带、黑龙江铜山铜矿、福建紫金山罗卜岭铜矿研究应用并取得新进展。

拓展新能源材料产业：进军新能源新材料领域，优先布局铜、锂、钴、镍等金属矿产,完成阿根廷 3Q 高品位锂盐湖项目并购并启动工程建设,同时在刚果(金)布局硬岩锂勘查和合作。设立新能源与材料研究院,加快推进磷酸铁锂、电解铜箔、高性能合金材料等新材料项目研究落地,与福州大学等合作的氨氢能源产业化全面启动,以光伏发电、水电、风电为主力的清洁能源项目正从本土向国内和海外项目有序实施。发行全国贵金属行业首单、福建省地方国企首单"碳中和"债券,全部用于绿色低碳产业建设。

全球化运营管理体系建设成效初显:全面推进"简洁、规范、高效"以国际化为特征的深化改革,积极推动全球化运营管理体系第一阶段目标的实现。坚持接轨国际标准和准则,授权体系和组织架构优化,事业部和职能部门的专业服务能力有效增强,数字化、信息化技术平台有效搭建并与业务不断融合,运营管理标准化水平和业务开展效率进一步提升,流程化组织不断健全。报告期公司战略入股嘉友国际,助力全球物流体系建设进程。国际化人才体系加快建设,多元化人才结构逐步形成,高级后备、优秀青年、优秀工匠等专项人才培育机制持续巩固和发展。

紫金矿业发布了未来发展战略:确立了《五年(2+3)规划和 2030 年发展目标纲要》,全面统筹国内、国际两个市场,贯彻落实"改革、增长、发展"工作总基调,全面建成先进的全球化运营管理体系;加快资源优势转化为经济社会效益,确保公司高速增长;在资源、资本、成本、人才、技术、工程及文化等方面,大幅度提升全球核心竞争力和可持续发展能力,努力成为全球金属矿业行业的领先者,为中国及全球矿业发展做出更大的贡献。公司重新定位战略发展总目标为建设"绿色高技术超一流国际矿业集团",进一步明确了公司走绿色高质量可持续发展道路,全面进军新能源矿业领域,以优质矿物金属原料助力全球"碳达峰、碳中和"和经济目标实现的可持续发展路径;明确了公司坚持科技创造紫金,走高科技先导路线,形成"以我为主"全流程系统研究设计及实施能力的发展动力源泉;展示坚持矿业为主,面向全球发展,争取跻身全球超一流矿业公司的发展决心[8]。

截至 2022 年,紫金矿业在 16 个国家和中国 17 个省(区)拥有重要矿业投资项目,主营铜、金、锌等金属资源量和矿产品产量均居全球上市矿企前十位。公司加大新能源新材料产业布局,形成"两湖一矿"锂资源格局,加速电动化改造和光伏、风力、水力等清洁能源建设,推动"环保+新能源"战略转型;以打造绿色高技术超一流国际矿业集团为目标,不断探索低碳产业关键矿种的勘探开发,保障矿产供应链安全稳定,为全球绿色低碳循环经济赋能。

根据《紫金矿业 2022 年环境、社会及管治报告》,紫金矿业大力支持可持续发展文化及价值体系,致力于成为绿色高技术超一流国际矿业集团,坚持走绿色高质量可持续发展的道路,以优质、低碳的金属矿物原料,为新能源革命和全球"碳中和"目标助力,注重对"山、水、林、田、湖、草、沙、冰"的保护,实现矿产资源集约开发与生态环境保护的和谐统一,为人类美好生活提供低碳矿物原料。预计到 2030 年,所有矿山达到绿色矿山建设标准,所有冶炼加工企业达到绿色工厂建设标准,水循环利用率维持不低于90%的水平,可恢复土地实现 100%恢复,所有矿山都制定并实施生物多样性保护计划(BAP),旨在成为矿业圈的生态环境守护者。

《紫金矿业 2022 年年度报告》指出:世界大变局加速演进,全球新格局逐步推进,人流、物流及供应链正加快恢复,美元加息幅度渐缓,全球新能源转型加速,中国正采取系列强力措施确保经济稳定增长,支撑金、铜、锌、锂等主营金属价格在一定时期内保持相对高位,紫金矿业拥有雄厚的矿产资源和不断增长的产能,为企业创造了良好的成长及市场机会。公司既要保持战略清醒,又要坚定战略自信,认真贯彻落实公司董事会确定的"提质、控本、增效"工作总方针,持续提升主要产品产量和效益,不断增长主要矿产资源量和储量,显著增强公司实力和发展质量,有效控制建设投资和营运成本,通过深化改革着力解决现阶段存在的"日益全球化与局限的国内思维及管理方式之间的矛盾",遵循国际标准和准则,有力破解国际化人才瓶颈,全面构建先进的全球化运营管理体系和 ESG 可持续发展体系,进一步提升全球矿业竞争力。

（2）中国铝业集团有限公司（简称中铝集团）

中国铝业集团有限公司成立于 2001 年 2 月 23 日，2017 年成功改制，2018 年被国务院国资委确定为国有资本投资公司试点企业。中铝集团是中央直接管理的国有重要骨干企业，主要从事矿产资源开发、有色金属冶炼加工、相关贸易及工程技术服务等，是目前全球第一大氧化铝供应商、第一大电解铝供应商，氧化铝、电解铝、精细氧化铝产能均居全球第一，铜业综合实力位居全国第一，铅锌综合实力全球第四、亚洲第一。中铝国际是中国有色金属工程技术领域的领军企业，中铝高端制造是我国国防军工领域的重要保障型企业。中铝集团现有所属骨干企业 68 家，业务遍布全球 20 多个国家和地区，集团资产总额 6200 亿元，集团 6 家控股子公司实现了境内外上市，2008 年以来连续跻身世界 500 强企业行列。

根据《中铝集团 2021 社会责任报告》，中铝集团是全球最大的有色金属企业，连续 14 年入选世界 500 强企业，2021 年排名第 198 位。截至 2021 年底，中铝集团资产总额 6239 亿元，员工 13.30 万人；拥有全级次企业 524 家，控股中国铝业等 7 家境内外上市公司；设有铝、铜（铅锌）、工程技术、资产经营、产业金融、高端制造、环保节能、创新开发、智能科技、海外发展共 10 个业务领域；主要从事矿产资源开发、有色金属冶炼及加工和相关贸易及工程技术服务等。

“十四五”是我国由有色金属大国向有色金属强国迈进的重要阶段，有色金属行业将由规模增长全面转向高质量发展。中铝集团是我国有色金属行业的排头兵和国有资本投资公司试点企业，在强化上游战略资源、提升中游技术支撑、加快下游高端产品供给等方面具有明显优势。中铝集团肩负“排头兵、主力军、引领者”使命，以保障国家战略性矿产资源为本，加快海外铝土矿资源开发，提升全球战略资源获取能力，为国家产业链安全稳定做出积极贡献；坚持“国家所需、中铝所能”，努力打造国家战略科技力量，突破系列关键核心技术、打破国外垄断，“中铝造”一次次为中国航空航天事业攀上更高峰立下新功，为国家战略材料保障提供重要支撑。

中铝集团贯彻落实党中央号召,践行企业公民义务,努力推动与周边国家的互联互通,为构建人类命运共同体不断添薪蓄力。中铝集团海外业务以资源获取、开发及下游精深加工、工程技术服务为核心,涉及境外投资、国际工程承包及国际贸易三大方面。截至 2021 年底,中铝集团境外资产 2049 亿元、营业收入 937 亿元,纳入合并报表范围境外法人企业 35 家,业务主要分布在秘鲁、几内亚、英国、玻利维亚、加拿大、委内瑞拉、老挝、印度尼西亚等国家。

中铝集团秉持"善待资源、善待资源所在国、善待资源所在国民众"的海外开发理念,积极履行企业公民责任,通过推动属地化运营、促进本地化就业等方式,助力沿线国家和地区居民改善生活。2021 年,南美、非洲地区的新冠疫情严重而复杂,中铝集团在认真做好境外企业疫情防控的同时,向沿线民众和海外客户捐赠防疫物资,为人类命运共同体贡献中铝力量。中铝集团深入推进"两海战略",积极获取海外铝土矿资源,布局海外和沿海氧化铝项目,合理布局现有电解铝产能,将产能转移到具有资源、能源优势的地区;积极落实国家"双碳"目标,采取多种方式发展清洁能源,提高清洁能源占比;实施精细氧化铝、炭素、铝合金专业化整合等,整体布局逐步优化。

(3)青山控股集团有限公司(简称青山集团)

青山控股集团是一家诞生于浙江温州的不锈钢企业,起步于 20 世纪 80 年代,2003 年 6 月注册成立第一大集团公司——青山控股集团有限公司,2022 年位列世界 500 强企业第 238 位;旗下的上海鼎信集团是推行国际化经营的主力方阵,自 2009 年起不断探索和实践青山控股"走出去"的国际化战略布局。自 2008 年开始,青山集团确立了全球化布局的战略。2009 年,青山集团与印尼八星投资有限公司合资设立苏拉威西矿业投资有限公司,获得了占地 47040 公顷的印尼红土镍矿的开采权。

21 世纪的今天,中国经济的持续快速发展令世界瞩目,中国也成为世界上最大的不锈钢生产、投资和消费市场。青山集团置身于中国和世界经济发展的大潮中，专注于不锈钢产业，把不锈钢改变生活、提高人们生活品质的理念融入实际行动中，旨在为人类的绿色可持续发展贡献力量。三十多年来，青山集团不断创新生产工艺、拓展产业领域，已经形成超过1000 万 t 不锈钢粗钢产能、30 万 t 镍当量镍铁产能，在行业内拥有了一定的地位。创新驱动发展，专注成就卓越，青山集团不断创新生产工艺、拓展产业领域，已经形成了贯穿不锈钢上中下游的产业链。

目前青山集团不锈钢生产基地遍布福建、广东、浙江等国内主要沿海地区，海外则布局在印尼、印度、美国和津巴布韦等国家，拥有 8 大生产基地；境内生产基地包括福建青拓、广东阳江和浙江青田。

境外主要投资项目有：

①印尼经贸合作区青山园区（IMIP），位于印尼苏拉威西省摩洛哇丽县，建成世界首条集采矿—镍铬铁冶炼—不锈钢冶炼—热轧退洗—冷轧及下游深加工产业链，此外还有火电、焦电、焦炭、兰炭、物流码头等配套项目。

②印尼纬达贝工业园区（WIP），位于印尼北马鲁古中哈马黑拉县。工业园周边拥有世界级的红土镍矿资源，已引入镍铁产业，并将要引入新能源汽车三元电池原材料相关产业，作为镍合金冶炼及新能源产业初级材料的加工生产基地面向世界供应相关产业的原材料。

③阿勒格尼科技（ATI）和青山集团的合资企业（A & T Stainless. LLC），位于美国宾夕法尼亚州的匹兹堡。冷轧工厂的 DRAP（direct roll, anneal and pickle）生产线是以连轧、退火和酸洗为一体的连续自动化精加工生产线，为青山集团服务全球客户、打造具有竞争力的高品质不锈钢产品带来了坚定的信心。

④印度古吉拉特工业园区，位于印度古吉拉特邦，建设有不锈钢冷轧项目。

⑤中非冶炼生产基地，位于非洲津巴布韦西马绍纳兰，从事高碳铬铁的生产冶炼。青山集团对铬铁冶炼项目的开发，使青山的不锈钢产业链更加完整。

青山集团致力于打造高品质、低成本、节能环保的不锈钢产品，为全世界及全人类更安全、低碳、便捷、舒适和健康的生活需求而努力，未来将进一步整合全球资源探寻空间。2023 年 4 月 13 日，青山集团董事局 2023 年 2 号文件《关于董事局"社会责任与慈善事业部"更名为"ESG 与可持续发展委员会"的决定》下发，正式按下了青山实业践行 ESG 战略的加速键。文件指出了 ESG 与可持续发展委员会的主要职责：制定青山实业 ESG 战略和目标，对青山实业 ESG 重大事项做出决策，指导各集团公司实施 ESG 体系管理，支持和协助青山实业慈善事业发展及指导青山慈善基金会工作。针对以上部署，青拓集团和印尼莫罗瓦利园区、印尼纬达贝园区已积极响应，第一时间成立 ESG 领导班子，拟在年内实现工业园区整洁、干净、有序，通过两年左右时间实现园区绿色、环保、活力的整治目标。

(4) 洛阳栾川钼业集团股份有限公司(简称洛钼集团)

洛阳栾川钼业集团股份有限公司的前身创立于 1969 年，于 2004 年和 2014 年进行了两次混合所有制改革，目前是民营控股的股份制公司；2007 年于香港联合交易所上市，2012 年于上海证券交易所上市。洛钼集团属于有色金属矿采选业，主要从事基本金属、稀有金属的采、选、冶等矿山采掘及加工业务和矿产贸易业务。目前，公司主要业务分布于亚洲、非洲、南美洲、大洋洲和欧洲五大洲，是全球领先的钨、钴、铌、钼生产商和重要的铜生产商，亦是巴西领先的磷肥生产商，同时公司基本金属贸易业务位居全球前三。公司位居 2022《财富》中国 500 强第 74 位，2022 全球矿业公司 40 强(市值)排行榜第 20 位。公司位居《2021 福布斯》全球上市公司2000 强第 1046 位。

洛钼集团《2021 年环境、社会及管治报告》中介绍，公司愿景是打造一家受人尊敬的现代化、世界级资源公司，秉承"精英管理、成本控制、持续改善、成果分享"的经营理念。企业发展战略：巩固和保持现有业务极具竞争力的成本优势；持续管理和优化资产负债表；确保境内外业务平稳运营的同时，发掘并发挥业务协同效应；积极推进资源投资开发与整合收购；以价值创造为导向，以结构调整和增长方式转变为主线，不断优化企业治理，促进形成对环境和社会负责任的业务模式。截至 2021 年 12 月 31 日，公司的主要矿业资产分布于刚果民主共和国、中国、巴西和澳大利亚；金属贸易业务遍及全球 80 多个国家。

作为一家在国际化道路上不断前进的公司，洛钼集团充分意识到可持续发展对公司获取资源、市场和资本的重要性。近年来，国际和国内的利益相关方对公司在可持续发展领域的期望也在不断变化，公司在环境、尾矿、健康与安全、承包商管理等领域都面临越来越高的期望和越来越严格的法规要求。公司不断学习国际良好实践做法，持续改进在可持续发展方面的管治框架。公司参考国际优秀框架，如国际采矿及金属协会(ICMM)的可持续发展原则、《国际金融公司的环境和社会绩效标准》、国际劳工组织公约、《国际人权宪章》《联合国工商业与人权指导原则》( UNGP )、《安全与人权自愿原则》( VPSHR )、《经济合作与发展组织受冲突影响和高风险区域矿石负责任的供应链尽职调查指南》( OECD 指南 ) 等，不断完善政策框架，更新了《人权政策》，制定了《雇佣政策》《反洗钱政策》和《关于隐私权的全球准则》。

受新冠疫情影响，全球经济复苏极不平衡；地缘政治矛盾加剧，大国博弈对矿产品供应链产生深远影响；各地发生的极端天气使人们更加意识到气候行动的必要性和紧迫性。在这样的大背景下，洛钼集团坚定地践行成为受人尊敬的现代化、世界级资源公司的发展蓝图，持续推进组织升级、完善全球治理体系。

(5)中国有色矿业集团有限公司(简称中国有色集团)

中国有色矿业集团有限公司成立于 1983 年，是国务院国资委管理的大型中央企业，主营业务为有色金属矿产资源开发、建筑工程、相关贸易及服务。目前，中国有色集团资产总额 1108 亿元，在境内外拥有出资企业 115 家，5 家出资企业实现了境内外上市，员工总数 46000 人。

中国有色集团是我国有色金属工业企业"走出去"开展国际化经营的

"先行者"，是保障国家战略资源安全的"排头兵"，是在海外开发铜资源时间最长、产业链最完备、项目数量最多的企业，并已在非洲中南部形成了产业集群。2021年，中国有色集团在中央企业国际化经营指数名列第2位，位居"中国100大跨国公司"第36位、"中国制造业500强"第4位、"中国企业500强"第172位。截至2021年底，中国有色集团的业务遍布80多个国家和地区，拥有重有色金属资源量1885万t，涉及40余个有色金属品种，拥有各级企业235家，其中各级境外企业77家、上市公司8家；在赞比亚、蒙古国、缅甸、泰国、刚果(金)等国家建成并经营着一批标志性矿业开发项目。中国有色集团形成了高质量的"一带一路"倡议实践，在境外建成了以铜为主的资源开发"全产业链"模式，形成了"走出去"的先发优势、人才优势、品牌优势和带动优势，曾荣获感动非洲的十大中国企业、中国有色金属工业境外资源开发战略功勋企业等称号。

中国有色集团总部是习近平总书记视察的为数不多的央企总部：

①2009年4月，习近平总书记视察中国有色集团总部，做出"切实把握有利时机，深入推进'走出去'战略"的重要指示。

②2010年2月，习近平总书记对中国有色集团做出"再接再厉，开拓创新，为保障国家战略资源安全做出新贡献"的重要批示。

③2011年1月，习近平总书记对中国有色集团做出"'走出去'工作成效明显，希望你们乘势而上，把企业进一步做强做优"的重要批示。

中国有色集团始终将总书记三次视察所批示的谆谆嘱托作为最大的责任担当、最高的目标追求，制定发布了《中国有色集团贯彻落实习近平总书记三次重要指示批示精神行动方案》，更加系统、全面、有效地落实重要指示，在更高坐标系中谋划企业发展，以实际行动践行"两个维护"。中国有色集团深入实施"创新引领，做大资源、做精材料、做强工程、做优贸易"的"1+4"发展战略，在实践中不断丰富"资源报国"的时代内涵。

中国有色集团深入实施国家"走出去"战略，加强国际业务规划，不断提升国际化经营和管控能力，积极开展境外有色金属矿产领域的投资与合作，为"一带一路"愿景护航，为世界有色金属工业的发展贡献力量；扎实有序拓展国际市场，进一步聚焦资源安全战略、加强资源部署，推进海外资源开发，有效保障国家战略资源的供给和产业链供应链的安全稳定。面向未来，中国有色集团立足新发展阶段、贯彻新发展理念、构建新发展格局，弘扬"开拓创新、敢为人先、合作共享、回报社会"的新时代中国有色集团企业精神，坚定不移实施"1+4"发展战略，全力打造具有全球竞争力的世界一流矿业企业，为实现中华民族伟大复兴中国梦贡献中国有色力量。

中国矿业公司已成为全球矿业市场的重要参与者，中国企业海外矿业投资具有如下特点：

①投资范围广：资源类型涵盖了有色金属、煤炭、铁矿石、稀土等多个领域，投资区域遍布拉丁美洲、非洲、亚洲和大洋洲等地。

②投资方式多样：中国企业的海外矿业投资方式包括矿权收购、股权投资、合资合作等多种形式。一些中国企业还通过与当地政府签订协议或建立合作伙伴关系来获取投资机会。

③战略合作：中国企业在海外矿业投资中注重与当地政府、企业和社区建立战略合作关系，以实现共赢发展。这种合作模式有助于提高项目的可持续性，减少环境和社会影响。

④持续增长：中国企业海外矿业投资规模逐年增长。中国企业通过海外矿业投资获取了丰富的矿产资源，满足了国内市场需求，并帮助推动中国企业在全球矿业市场的地位提升。

# 1.4　矿业投资和开发中的生态环保风险

随着中国经济的发展和国际地位的提高，中国企业对外直接投资迎来了新的发展机遇和挑战。矿业企业海外投资可能面临政治风险、合规风险（法律法规政策）、时机风险、技术风险、资金风险、经营管理风险、生态环保风险、成本风险等多重风险。相较于其他投资领域，矿业项目更应充分重视环保风险。一方面，部分矿业项目在开采、冶炼过程中将产生污染源，触发环保风险及相应社会风险，易导致项目停滞或延后、面临巨额罚款及影响声誉等后果；另一方面，环保隐患易触及当地居民的土地或者自然资源权益，使当地社区或社会组织提出异议，严重时甚至会迫使项目中断，给企业带来重大经营风险。历数中国企业海外投资矿业案例，因政治风险、法律风险、生态环保风险等叫停的项目并不罕见。本章节从可能产生的影响中选取主要且直接的问题，加以论述。

## 1.4.1　水土污染

采矿会造成水污染，包括金属污染、河流沉积物水平增加和酸性矿井排水。来自加工厂、尾矿库、地下矿山、废物处理区、现役或废弃的地面或运输道路等的污染物是水污染的主要来源。土壤侵蚀释放的沉积物造成河床淤积堵塞，对当地灌溉、渔业、生活用水供应和依赖这些水体的其他生产生活产生不利影响。水体中高浓度的有毒化学物质对水生动植物和以它们为食的陆地物种的生存构成威胁[10]。金属矿山或煤矿释放的酸性水也会流入地表水或渗入地下，使地下水酸化。Beyer 等[3]以密苏里州某地作为参考点，研究了该州东南铅矿区的三个污染地点对白足鼠（*Peromyscus Leucopus*）生理指标的影响，检查了许多生物标志物反应和组织病理学结果，以寻找暴露于高水平铅和镉的环境中引起的毒性作用的证据，实验结果指出：在一个强酸性土壤的矿区捕获的小鼠，其镉含量明显高于其他两个矿区和对照组。水正常 pH 的改变会对这些水维持的生命产生灾难性的影响，图 1-1 为矿业开发造成的水体污染案例。

（a）金矿开采带来的酸性矿山废水对地表水的污染（南非，约翰内斯堡及其周边地区）[11]；

（b）矿山泄漏事故对河流的污染（美国，科罗拉多州，2015）[12]；

（c）因铜矿开采被污染的河流（中国，江西省，2011）[13]；

（d）煤矿开采导致的河流水污染（澳大利亚，蒙大拿州，2016）[14]。

图 1-1　矿业开发造成的水污染案例

露天开采和地下开采需配套占地面积较大的排土场或尾矿库，大体量固废地表堆存将形成如废石堆废弃地、采矿坑废弃地、尾矿废弃地等大范围的矿山废弃地，造成数倍于开采范围的生物多样性干扰和生态系统破坏。如图1-2所示，矿山废弃地由于受采矿活动的剧烈扰动，不仅丧失了原有的表土特性，而且还具有众多危害环境的极端理化性质。表土层的破坏诱发水分缺乏、营养物质不足和毒性物质含量过高等环境负效应。直接暴露于空气的固废堆场由于风蚀和水蚀，使得水土流失加剧、土地沙漠化、扬尘，直接影响原有生态系统结构、当地动植物及人类健康。暴雨时大量泥沙流入河道或水库，污染和淤积水体，影响水利设施的正常使用，增加周边暴发洪水的概率。

图1-2　采矿造成的土地破坏(印度 Jharia 矿)[15]

### 1.4.2 空气污染

如图 1-3 所示,矿产资源开发与利用过程可能向空气、水和土壤释放空气污染源,危害野生动物及其所在生态系统,并形成永久性的自然景观变化。采矿过程涉及挖掘、破碎和移动成吨岩石等作业,显著地增加了空气中灰尘和颗粒的数量。金属冶炼也会导致二氧化硫等污染物的释放。采矿暴露地表矿床时,不可避免地会有未经提炼的物质释放到空气中。风、车辆和其他采矿基础设施的交通运输使这些材料在空中传播。此外,所有的机器都燃烧化石燃料,排放二氧化碳和其他温室气体。长期吸入被污染的空气将会使人过敏或引起尘肺病、硅肺、肺功能不全、慢性哮喘和心血管疾病。同时,这样的伤害也作用于矿区的野生动物和植物,土壤中的重金属等污染物首先会影响植物根系的功能,影响植物生长,并间接影响动物和周边居民对当地植物的使用。

(a)露天矿运输;(b)冶炼厂废气;(c)露天矿铲装;(d)爆破[16]。

**图 1-3 矿山空气污染源**

### 1.4.3 噪声污染

矿山大型设备运行将产生相当大的噪声，尤其是气动和冲击工具，常以114~120 dB工作(图1-4)。采矿噪声的其他来源包括风机、破碎设备等。钻机或装载机等主要提取工具也会产生很高的噪声水平，工作噪声为90~110 dB，运输卡车的噪声为90~100 dB，两者都高于通常被认为安全的85 dB阈值。正在被开采的岩石或矿物也可能是噪声源，因为它们需要经过爆破才能被提取出来。爆炸本身的噪声可以达到160 dB，而连续的采矿机器在地下工作的噪声可高达95 dB。采矿噪声已被确定为野生动物的压力来源，Mancera等研究成果指出不同振幅的采矿机械噪声会诱发小鼠的不同应激反应[17]。

(a)矿石铲装；(b)凿岩；(c)爆破。

**图1-4  矿山噪声污染源**

矿山的噪声污染是一个严重的问题，已经存在了相当长的一段时间。从 1976 年到 1984 年，美国国家职业安全与健康研究所估计，70%～90%的矿工在 60 岁时会出现听力损失。如果不采取预防措施，每天都暴露在高容量的噪声环境中，与重型机械和机器一起工作，可能会造成永久性的听力损伤。据估计，80%的矿工在平均噪声水平超过 85 dB 的环境中工作，25%的工人在矿山内工作时经历 90 dB 以上的噪声水平。

## 1.4.4　生物多样性破坏

生物多样性与人类的身心健康、空气、饮用水、土壤、气候环境密切相关。然而，由于土地不断开垦利用、全球变暖等问题，生物多样性的损失已达到"关键临界点"。世界自然基金会的《地球生命力报告 2022》指出，在过去的 50 年里，地球失去了 69%的野生动植物种群，100 万物种面临灭绝[18]。与其他重工业一样，矿业被认为是造成生物多样性损失的重点行业之一。《生物多样性公约》第十四次缔约方大会通过的决议文件（Decision 14/3 in 2018）针对能源、矿业、基建、加工行业提出了生物多样性主流化要求[19]。

采矿通过直接（矿物开采）和间接过程（通过支持采矿作业的行业及因采矿而进入生物多样性丰富地区的外部利益相关者）在多个空间尺度（场地、景观、区域和全球）影响生物多样性。采矿活动导致的地表地下生态结构改变和地表植被移除，开采中可能导致的土壤侵蚀、滑坡、水土流失、水土空气声音污染等，会对矿地所在生态系统的水土结构造成影响、对动植物生长、生物群落结构、动物行为等产生负面影响，破坏生态系统和生物多样性的完整性和原真性，改变原有生态系统的功能质量，进而影响当地周边居民传统生产生活方式和原真景观所具有的美学价值。支持矿业开采而在周边延伸开发的人类住区、道路和电网基建等，会延展矿业项目的边际影响，包括造成矿区外围自然生态环境（比如动物栖息地）的破坏、破碎或丧失，这也导致了单个生态系统或矿山上下游多个生态系统的累积延伸影响。

不同的采矿方法对生物多样性构成不同的威胁。地下冲积金矿开采对河岸生态系统及下游生态系统的影响依赖于区域水文。使用不同的工艺从矿石中提取不同的有价值材料，会对生物多样性产生不同的影响。虽然石头、沙子和砾石开采会移动大部分泥土，但金属矿石(及用于提取和加工它们的试剂)的地球化学作用往往比建筑材料产生更多的化学排放。工业作业和小规模手工采矿之间也存在差异。大型项目可能有更大的潜在影响，但也有更大的能力将损害降至最低。

采矿造成的生物多样性威胁因物种和生态系统而异。虽然人们对矿床对植物物种丰富度、保护地和具有高保护价值的生态系统的影响展开了各类研究，但矿物开采的全部后果尚不清楚。在某些情况下，采矿会永久地破坏整个生态系统的原有初始特征，特别是在生物群与矿物基质相互直接作用的地方。在其他情况下，矿物和生物之间的空间重合不一定导致显著的影响，比如开采本身不可行、重要的生物多样性构成不受采矿作业的影响、采矿造成的损害远小于其他土地用途并可以进行补救。此外，采矿作业对极端环境(如山顶、喀斯特、海洋系统和极地地区)产生的威胁，目前已知的研究相对甚少。

矿业对生物多样性的威胁还受到社会经济和政治背景的影响。有些国家采矿历史悠久，矿产和生物多样性热点地区在空间上几乎完全重合。其他地区正在经历采矿业繁荣，或者正在经历矿藏的转移。现有资本，如用于开采、加工和运输矿物及管理潜在影响的基础设施，可以减少新矿山对生物多样性的影响，但如果不以生物多样性友好的方式进行规划，也可能造成额外的影响。矿产治理是另一个关键因素。发展中国家或新兴经济体，尤其是稀土储量在全球占比较高的国家，在环境法规和环境能力方面往往比较薄弱，且容易发生腐败和冲突，这可能进一步造成威胁的叠加效应。

实施有效的保护战略以减轻采矿对生物多样性的影响，需要了解威胁的分布及来源(图1-5)。开采目标(如金属、建筑材料、化石燃料)在地球陆地生物群落中分布不均，开采对其生物多样性构成了独特的威胁（图 1-6）。例如，铜矿往往出现在沙漠和干旱灌丛中，镍矿床经常出现在热带和亚热带草原和大草原，铅矿则出现在北方森林中。矿产和生物多样性的共存并不总是意味着单一威胁，许多其他因素可能也在起作用。

图 1-5　美国肯塔基州怀茨堡附近矿区生物多样性调查中的几种受关注物种[18]

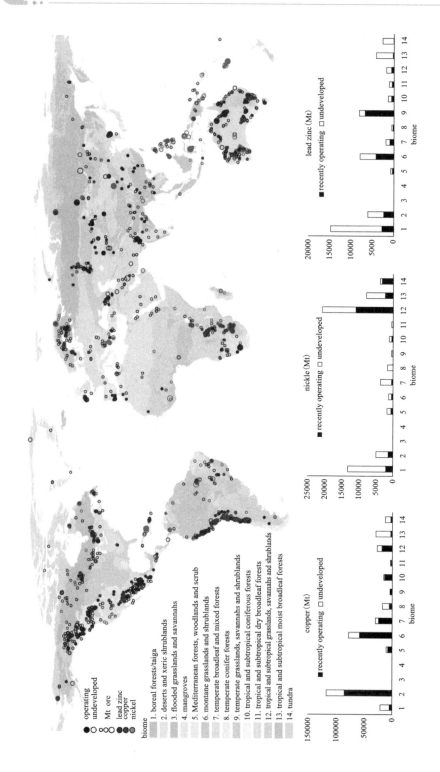

图1-6　地球陆地生物群落的分布与正在开采的金属矿山和勘探项目（2018年）[19]

2022 年 12 月 19 日凌晨,《生物多样性公约》第十五次缔约方大会通过了《昆明–蒙特利尔全球生物多样性框架》协议,为在 2030 年扭转生物多样性丧失的局面绘制了治理目标。在此基础上,可以预见的是,众多公约成员国将进一步完善和生物多样性相关的法律法规和治理体系,不少发达国家的投资机构也在基于 ESG 和企业披露机制,加强对生物多样性保护的企业要求。未来几年,全球背景下的矿产资源开发,在面临新的生物多样性保护挑战的同时,也能通过自身的积极参与,成为生物多样性和全球环境治理的重要力量。

# 1.5　矿业项目生态环保风险案例

## 1.5.1　国外矿企投资案例

对涉足矿业投资和开发的企业而言，需要按照所在国或地区的法律法规政策、国际公约、母国的海外投资规范或国内最佳行业标准、国际最佳实践范例等，对环境和社会影响开展系统的评估工作，并且充分落实相关利益群体的咨询、沟通和协商机制，确保影响评估和解决方案设计的充分性和包容性。

近年来，在国际矿业上已有不少因缺乏生物多样性风险管理，使得企业面临违规、投资受损、声誉下降等问题，对当地生物多样性造成影响，不利于所在国家和企业自身的可持续发展。

阿根廷的 Cauchari-Olaroz 锂项目位于一个长期缺水的脆弱沙漠生态系统中。然而，在项目开发过程中，开发商对当地生态环境和社区需求没有进行充分评估，未考虑到采矿作业会过分消耗甚至耗尽当地水资源，存在生态系统遭到破坏并且导致当地社区缺水的风险，没有设计相应的应对方案，因此该项目遭到当地社区的反对，不同意任何形式的大规模开采，并向当地法庭提起诉讼。

加纳政府于 2016 年启动在阿特瓦(Atewa)山脉的铝开采项目，以期推动国内铝业发展、带动经济收入并减少贫困。然而，这个项目所在的阿特瓦山脉是五百万加纳居民所依赖的饮用水源头，同时又是一个关键生物多样性区域，其所在的森林生态系统(阿特瓦森林生态系统)至少生存着 50 种哺乳动物、1000 多种植物、230 种鸟类和 570 多种蝴蝶（包括世界上其他地方没有的蝴蝶物种）。被称为生物多样性之父的爱德华·奥斯本·威尔森教授在其生前的一本书中，将阿特瓦森林列为地球上 38 个最重要的地方之一，并呼吁将之作为大自然的一部分保留给后代。这个铝业项目的启动，引起加纳当地和国际上多家社会组织的重视，呼吁对该项目进行审慎决策。2021 年，作为铝业下游市场的宝马集团、利乐公司和旭格国际公司发表声明，指出来自阿特瓦森林地区的铝土矿需要符合《生物多样性公约》《联合国气候变化框架公约》《巴黎协定》及加纳对联合国可持续发展目标的国家自愿贡献承诺，不然将不会接受其供应链中源自阿特瓦森林的铝。与此同时，保护界人士积极倡议加纳将阿特瓦森林划归到保护地。虽然加纳铝业开发项目会继续开展，但如果不对其进行严格的生物多样性评估和社会影响评估并制定完备的管理规划，将始终存在一个不确定的风险按钮。

　　一个开发项目在制定生物多样性保护战略的时候，必须首先确定生物多样性的优先事项，全面评估采矿对生物多样性的各类影响，制定长期战略管理计划。这些计划应遵循缓解层级措施的框架：首先测量和设计可以避免严重影响的解决途径（特别是对保护优先事项），然后通过技术方案最大限度地控制不可避免的负面影响，再则设计恢复方案。最后通过补偿或抵消方案置换无法消除或者恢复的生物多样性的损失。近年来，随着世界各国对生物多样性保护的愈发重视，越来越多的矿业项目开始着手生物多样性保护的策略开发，但还未使用项目全周期的概念评估矿业开发项目的影响，往往将应对方案局限于事后补偿阶段，没有通过缓解层级措施的规避、减少、恢复和补偿四个层次，应充分评估各个阶段的影响和解决措施，并将措施重点转移到风险管控上。厄瓜多尔的圣卡洛斯-潘南萨（San Carlos Panantza）铜钼矿的开采活动忽略了环境和社会的保护措施，遭到当地社区的反对，双方发生严重冲突，当地的阻力尚未被克服，因此公司无法继续其采矿业务[21]。秘鲁白河铜矿的开发商没有履行环境保护法规中的要求，未完成环境损伤补救或采取确保雇员安全的措施，导致 95% 的当地人口反对此项目的开发。

当前保护规划中另一个需要注意的问题是相关影响评估没有全面反映采矿对生物多样性的影响。监管部门对新项目（或现有项目的扩建）的批准往往只考虑采矿对生物多样性的最直接的短期影响，而忽略了更大规模和更长期的后果，这些影响可能随着时间和空间的推移而累积。例如，印度尼西亚的 Dairi Prima 锌矿，坐落在世界上最活跃的地震区之一，因为地震或其他原因，尾矿坝不可避免地会发生严重损坏或决堤，将会对人口和环境引起灾难性的后果，因此当地公众持续呼吁终止相关的开发工作。

由于生物多样性和生态系统的错综复杂，以及人类技术和认知的局限性，矿业开发项目所产生的负面影响或干扰无法得到百分之百的管理和消减。对于不能完全解决或者恢复的损失，需要通过补偿或抵消类的方案，间接性地抵消遗留的生物多样性损失和负面影响。然而到目前为止，对于已经出现的抵消类解决方案，尚且缺乏通过实践验证的案例，支持这类方案的有效性。其中，主要的技术难题包括如何有效衡量损失和收益的平衡；生物多样性无净损失的具体鉴定；如何开发相应的政策并获得多方利益群体的认同等。因此，许多补偿措施的实施存在争议。例如，蒙古国奥尤陶勒盖（Oyu Tolgoi）铜矿项目，在落实生物多样性保护计划中，对于补偿的定义相对模糊，造成实施程序和程度模糊，生物多样性保护的成效评估受到质疑。

在矿山项目的环境和社会影响评估中，要全面考虑利益相关方，不能只关注于政府和官方机构，而忽视民众态度。多个矿山开采项目因开发商对当地组织和民众的忽视，造成后续的企业和民众冲突，导致矿山项目相关工作暂停，甚至永久关闭。例如，厄尔瓜多的圣卡洛斯-潘南萨铜矿，坐落在以独特生物多样性著称的神鹰山脉（Cordillera del Condor），在项目开发过程中不可避免地对环境造成不良影响，比如生物多样性的丧失及污染等。但是，项目公司没有依照自愿、事先商议和知情同意的原则咨询当地人民，而把 Nankints 和 Shuar 土著居民强行从祖先的土地上赶走，引发了社区动荡，当地社区请求全面停止该项目。类似地，俄国 Zashulansky 煤矿的项目开发商没有基于自愿、事先商议和知情同意的原则进行公众咨询，导致地方组织呼吁停止项目。

由于目前的生物多样性危机及人类对地球的各种影响不断积累，必须在更广泛的环境中认真考虑采矿项目对生物多样性造成的影响。为了确保生物多样性的持久性，需要最大限度地减少各类直接影响和间接影响，保留原真性和完整性。从根本上说，评估采矿对生物多样性在所有尺度上的全面影响是利用保护机会的关键先决条件。

## 1.5.2　中国企业海外矿业投资风险案例

(1)加纳铝土矿项目

2018 年，中国进口铝土矿占全球交易的 69%。加纳拥有相对较大的铝土矿储量，但仅有一个由中国重庆博赛矿业公司经营的重要采矿场出口原材料。加纳计划通过发展精炼业来增加价值，使该国能够将铝土矿转化为铝。之前的投资者尝试过这样做，但难以实现盈利，因此加纳的铝行业被视为未被挖掘的潜力。此外，中国和加纳已经有了以财政换取自然资源的经验[22]。

中国水电与加纳政府签署了一项 20 亿美元的协议。中国使用精炼铝土矿销售收入来建设基础设施，加纳承诺用在三年内建成的工厂销售收入来偿还贷款。尽管已有的公开信息无法确定具体金额，但相关分析人员指出，该协议的结构方式使加纳避免了在还款过程中涉及外汇供应和价格波动的风险。但是，如果精炼铝土矿价格上涨，这个协议可能使得加纳受到损失。然而，中国水电与加纳的交易协议签署之后的三年里，该交易已成为激烈争议的焦点。因为铝土矿开采的指定地点是阿特瓦森林，是西非主要的常绿森林之一。铝土矿开采对生物多样性、水资源和人们的生计存在负面影响，需要进行更为精准的评估和包容性的咨询，为此，社会组织一直呼吁保护该地区。

2017 年，中国和加纳政府签署了谅解备忘录，奠定了协议的基础。加纳政府对于要求进行战略影响评估以确定潜在采矿地点的影响的呼吁缺乏足够的重视，并于 2018 年 8 月成立了加纳综合铝业发展公司（GIADEC），以发展铝土矿铝产业（采矿、精炼、冶炼和下游产业）。随后，加纳驻中国大使馆披露了第一阶段建设的细节，包括十个项目，其中一个项目专门涉及铝土矿区道路的修复。该公司以在全国范围内价值 200 亿美元的建筑工程"换取向中国水电交付加纳制造的铝制品"。

加纳铝土矿储量是社区权益倡导者寻求问责的挑战。项目绩效和矿物供应被用作基础设施融资的抵押品，涉及中国参与者和东道国政府之间的协议。因此，在解决项目层面的负面影响和设计社会及环境风险的可持续解决方案时，必须将其纳入支撑双边协议的更广泛的权益网络中。因为矿产与该国基础设施建设有关，东道国政府可能会采取更为激进的开发策略，降低对生态环境和当地社区需求的考虑，造成周边社区和公民社会不予理解和认同的风险，并在项目实施过程中成为不确定因素。中国水电对铝土矿开采区域的风险考虑不足，引发了社会组织和当地社区的担忧和质疑。

（2）厄瓜多尔 Mirador 铜矿项目

中国铁建与铜陵有色合作开发了位于厄瓜多尔的 Mirador 铜矿，该矿发生的人权侵犯事件与环境问题有关，例如矿井和废物处理设施对水源的污染。Mirador 铜矿的一些大规模开采活动位于当地受保护森林中，这是厄瓜多尔生物多样性最丰富的地区之一。数千公顷的森林和动物物种受到该项目的影响。项目实施前期就已遭到部分人群的反对。根据当地组织的报道，2014 年中期，由于该公司私人安保部队与警察合作拆毁学校和其他社区设施，导致矿区爆发大规模冲突。到 2015 年底，矿山开采占用了土地，迫使数十位村民被驱逐出境。

中国的大规模海外投资通常是在政府层面进行合作和协商。在处理与海外投资有关的危机时，相关企业会遵循"不干涉他国内政"的外交原则，避免在未涉及政府的情况下单独与其他利益相关方沟通或交流。然而，对于政府治理能力弱或缺乏广泛民众支持的国家，这样的策略会影响到企业对当地实际情况的全面认知和判断，并被动地造成项目信息披露不充分的局面。例如，中国企业为了减少项目开发中的负面影响而设计相应的社区振兴项目，但当地居民却因当地的腐败而未能从项目中直接获益，并且不知道中国企业的角色。

在 Mirador 铜矿的案例中，与东道国当局的一对一关系及对民间抱怨的不干涉方法导致了严重的冲突。案例回顾表明，中国投资者只在政府层面上对该采矿项目进行了沟通，但未充分咨询受影响的当地居民。此外，合资企业和其他中国利益相关者未干涉项目早期发生的当局和社区利益相关者之间的冲突，倾听不到当地居民的呼吁，导致社区不满情绪增加，加剧了紧张局势。

# 1.6　小结

中国矿业历经近二十年的"走出去"实践,在海外投资领域已经积累了丰富的经验,当前仍处于机遇与挑战共存阶段。首先,要加强对投资区域的研究,在充分了解东道国的政治、经济、法律等环境因素后,合理选择投资区域以降低风险。其次,要做好市场研究工作,掌握项目所在行业的发展趋势和动态信息。再次,要做好对资源国政治、经济形势等因素的分析判断,并通过合理安排资金、人员等方式来降低风险。最后,要做好相关准备工作,例如成立专门小组或机构研究当地法律法规并进行详细的社区和现场调研等。

中国矿业企业要把绿色矿山建设的理念和标准推向国际,以创新构建中国矿业企业全球化竞争力,提升技术工程创新能力、绿色生态开发能力、生产经营管理能力、文化认知融合能力等,形成具有中国特色的矿业发展之路。中国矿企通过"走出去"向全球矿业行业提供中国方案,将传统意义上的矿业转型升级为全球绿色智能的新型产业模式,必将使国际矿业项目合作实现真正意义上的"双赢",对促进地方经济社会发展大有裨益。

世界各国通过矿业合作实现经济互补与互利共赢,将是未来国际矿业开发的重要发展趋势。此外,矿业开发往往会威胁资源开采所在国的社区和自然环境,包括中国在内的全球投资者在开采自然资源以获取更清洁能源方面所施加的压力只会越来越大。除了确保获得资源之外,中国矿业企业还可能利用其在加工和精炼等领域的专业知识,增加所开采资源的价值。这可能涉及投资基础设施,如冶炼厂、精炼厂或其他加工设施,这些设施可以增加原材料的价值并提高盈利能力。中国企业在海外投资过程中,也可扩大企业影响力，成为全球矿业行业的主要参与者，增强企业多元化业务，并减少对任何一个市场或地区的依赖，同时提供进入新市场的途径。企业在矿山生态管理方面同时面临风险与机遇，中国矿业企业海外投资应重视矿山生物多样性保护，这不仅能促进企业的可持续发展，还能提高社会形象，促进与利益相关方的合作。总体而言，中国矿业企业海外投资的策略是为了确保获取资源和多元化业务，并在全球矿业行业中树立自己的地位。

## 参考文献

[1]　张世超. 我国非能源类矿业海外拓展企业战略与风险控制研究[D]. 长沙：中南大学，2009.

[2]　YAN D R, RO S, SUNAM O, et al. On the global rare earth elements utilization and its supply-demand in the future[J]. IOP Conference Series：Earth and Environmental Science, 2020,508(1)：012084.

[3]　BEYER W N, CASTEEL S W, FRIEDRICHS K R, et al. Biomarker responses of Peromyscus leucopus exposed to lead and cadmium in the Southeast Missouri Lead Mining District[J]. Environmental Monitoring and Assessment, 2018, 190(2)：104.

[4]　夏凌云. 国资背景下矿产企业海外并购风险、动因及绩效分析：以紫金矿业为例[D]. 成都：西南财经大学，2020.

[5]　唐玉文. 中国矿业海外绿色投融资评价研究 [D].北京：中国地质大学，2019.

[6]　连长云，刘大文，邱瑞照，等. 关于中国全球矿产资源战略的思考[J]. 地质通报，2005, 24(9)：795-799.

[7]　彭嘉庆. 提高紫金矿业国际竞争力的若干思考[C]//2006 中国科协年会第三分会场论文集，北京，2006：394-398.

[8]　紫金矿业集团股份有限公司 2021 年环境、社会及管治(ESG)报告.

[9]　https：//baijiahao. baidu. com/s? id=1753346800132639173&wfr=spider&for=pc.

[10]　https：//baike. baidu. com/item/% E7% 9F% BF% E5% B1% B1% E6% B0% B4% E6% B1%A1%E6%9F%93/15621930？ fr=aladdin.

［11］https：//www. mining. com/south-africa-has-failed-to-protect-locals-from-gold-mine-pollution-harvard-report/.

［12］https：//www. usatoday. com/story/news/nation/2015/08/14/long-term-solution-mining-pollution-gold-king-mine/31700311/.

［13］http：//www. minesandcommunities. org/article. php? a=11382.

［14］https：//www. sosbluewaters. org/SNF_Mineral_Withdrawal. html.

［15］STRACHER G B, DRAKASH A, SOKOL E V. Coal and Peat Fires：A Global Perspective［M］. Amsterdam：Elsevier, 2015：263-279.

［16］https：//www. yesmagazine. org/environment/2018/01/17/appalachia-puts-environmental-human-rights-to-the-test.

［17］MANCERA K F, BESSON M, LISLE A, et al. The effects of mining machinery noise of different amplitudes on the behaviour, faecal corticosterone and tissue morphology of wild mice（Mus musculus）［J］. Applied Animal Behaviour Science, 2018, 203：81-91.

［18］GIAM X, OLDEN J D, SIMBERLOFF D. Impact of coal mining on stream biodiversity in the US and its regulatory implications［J］. Nature Sustainability, 2018, 1（4）：176-183.

［19］SONTER L J, ALI S H, WATSON J E M. Mining and biodiversity：Key issues and research needs in conservation science［J］. Proceedings Biological Sciences, 2018, 285（1892）：20181926.

［20］RELMUCAO J J. Lithium Mining in Argentina Threatens Local Communities［N］. https：//nacla. org/lithium-mining-argentina-threatens-local-communities, 2021.

［21］Quiliconi C, Vasco P R. Chinese mining and indigenous resistance in Ecuador［M］. Carnegie Endowment for International Peace, 2021.

［22］Scungio L. China's global mineral rush［R］. Amsterdam：SOMO, 2021.

# 第2章

# 矿业生物多样性政策和案例浅析

　　矿产资源开发对开采范围内及周边区域的生态系统和生物多样性的影响已经成为全球性问题。近二十年，众多国家政府、国际政府间机构、国际或区域矿产行业组织、跨国或本土社会组织，陆续开发了旨在减少矿业开发对生物多样性影响的政策工具、行业规范和技术解决方案，并且开展了实际运用。本章选取国内外政策、缓解层级措施技术框架和四个经典的矿山生物多样性保护案例，深入探讨矿业开采周期中生态系统和生物多样性保护的现状、趋势及相应的挑战，并且初步分析如何平衡经济发展和生物多样性保护之间的关系。

# 2.1　国内外法律法规、行业规范、技术框架摘选

　　历史上各国的经济发展通常以环境恶化为代价，但当一个国家的经济发展超过一定水平时，就会转而投资环保事业。矿业涉及的采矿可以在相对较小的土地面积上创造巨大的经济价值，但也不可避免地对生态系统和生物多样性产生负面影响。矿业企业对环境和生物多样性采取慎重态度，从机构规划到项目开发中增加相应规划和行动，可以支持其投资所在的国家，尤其是将生物多样性丰富但经济相对落后的国家在发展过程中面临的环境影响降至最低[1]。

　　全球人口不断增长，对物质的需求不断增加。与此同时，地球上的生物日益减少，生态系统质量不断恶化。以自然资源开采为业务核心的企业面临的质疑和政策风险越来越频繁。在可持续发展的框架下，经济发展、社会公平和环境保护是不可分割的。然而，经济发展和自然资源保护之间的关系一直是多方争论的焦点。采矿业的影响是最明显和最有争议的问题之一。虽然采矿业的产品对社会发展是必不可少的，但其活动也会对环境和生物多样性产生影响。尽管如此，采矿相关的大型基础设施开发创造了大量的经济发展和就业机会，是许多国家减少贫困，提高国民整体生活水平的优先选择，而生态环境的影响则会被忽视。这种困境在发展中国家和发达国家都存在，尤其在经济相对落后的发展中国家和拥有全球独一无二的生物多样性地区，最为严重。

　　人类与经济的根基深深扎根于自然界，紧紧依赖于自然提供的各类产品和服务，包括食物、能源、建筑原材料、饮用水和气候等。我们必须深刻认识到，人类无法脱离自然独立存在和运作。因此，任何旨在促进经济发

展的政策都应该有助于保护和维护自然环境,以确保我们与自然之间的协调共存,这对未来的可持续性至关重要。

全球需要更多具有可持续发展眼光的政策,特别是那些依赖矿业发展的中低收入国家。这些政策应该能够实现经济发展和环境/生物多样性的双赢。仅强调经济发展必然会影响可持续发展中的环境和生物多样性,而忽略经济发展则会违背人类向往健康生活质量的需求。因此,各相关机构的发展和生物多样性保护决策,应该在经济和环境两个方面都能够产生积极的影响。

### 2.1.1　联合国

针对生物多样性的保护,全球各类组织制定并发布了一系列相关的法律法规、治理政策、行业标准或指南。1992 年,联合国环境与发展大会通过了《生物多样性公约》(以下简称《公约》)[2],并于 1993 年 12 月 29 日正式生效。该公约是一项有法律约束力的国际条款,目前已有 196 个签约国。《公约》覆盖了生物多样性的所有层面,包括生态系统、物种和遗传资源。《公约》有三项主要目标,包括保护生物多样性、可持续利用生物多样性及公正合理分享由利用遗传资源所产生的惠益。所有签约国通过确保《公约》的执行,最大限度地保护地球上的多种多样的生物资源,以造福于当代和子孙后代。

2010 年 10 月,《公约》第十次缔约方大会通过了《2011—2020 年生物多样性战略计划》,为所有国家和利益相关方设定了一个雄心勃勃的十年行动框架,以保护生物多样性并提升其对人类的惠益。然而,直至 2022 年,全球生物多样性丧失的势头并未被扭转,100 万个物种濒临灭绝。全球首个以 10 年为期的生物多样性保护计划"爱知目标"设定的 20 项目标,到 2020 年没有一项完全实现。为了摆脱这一困境,《公约》第十五次缔约方大会在

2022 年年底通过了"昆明-蒙特利尔全球生物多样性框架"（以下简称"框架"）[3]。"框架"制定了 4 项以 2050 年为时间节点的总体目标，23 项以 2030 年为时间节点的具体行动目标。其中，行动目标 15 要求所有签约国"采取法律、行政或政策措施，鼓励和推动商业，确保所有大型跨国公司和金融机构：(a)定期监测、评估和透明地公布其对生物多样性的风险、依赖程度和影响，包括对所有大型跨国公司和金融机构及其运营、供应链和价值链及投资组合的要求；(b)向消费者提供所需信息，促进可持续的消费模式；(c)遵守获取和惠益分享要求并就此形成报告，以逐步减少对生物多样性的不利影响，增加有利影响，减少对商业和金融机构的生物多样性相关风险，并促进采取行动确保可持续的生产模式"。同时，框架行动目标 22 和行动目标 23，将性别和当地居民权益的议题包含在其中，要求"确保土著人民和地方社区在决策中有充分、公平、包容、有效和促进性别平等的代表权和参与权，有机会诉诸司法和获得生物多样性相关信息，尊重他们的文化及其对土地、领地、资源和传统知识的权利，以及保护妇女和女童、儿童和青年以及残疾人，并确保对环境人权维护者的保护及其诉诸司法的机会"（行动目标 22）；要求"确保性别平等，确保妇女和女童有平等的机会和能力采用促进性别平等的方法为《公约》的三个目标做贡献，包括承认妇女和女童的平等权利和机会获得土地和自然资源，以及在与生物多样性有关的行动、接触、政策和决策的所有层面充分、公平、有意义和知情地参与和发挥领导作用"（行动目标 23）。

## 2.1.2  政府间组织/国际组织/各国社会组织

生物多样性和生态系统服务政府间科学政策平台（IPBES）在 2019 年发布《全球生物多样性与生态系统服务评估报告》[4]，该报告是继 2005 年启动人类有史以来第一份千禧年生态系统评估报告以来的第二次全球评估，且为首份评估全球生物多样性和生态系统服务的政府间报告，该报告综合回顾了全球主要可持续相关目标的进展概况，这些目标包括可持续发展目标（SDG）、爱知生物多样性目标和巴黎气候变化协定中的目标。该报告检视了生物多样性和生态系统变化的原因、对人类的影响、政策选项以及未来30 多年包括延续当前趋势和其他情景在内的可能发展路径。

在企业层面，联合国全球契约组织（UN Global Compact）发布了《生物多样性和生态系统联合行动框架》[5]，为制定、实施和发布生物多样性和生态系统服务的政策和实践提供了一个框架，这些政策和实践被纳入企业可持续发展战略。世界自然保护联盟（IUCN）在 2021 年发布了《企业生物多样性绩效规划和监测指南》[6]，为制定企业层面的生物多样性战略计划提供了方法框架，包括可衡量的目标及一套核心指标，使企业能够在其整个业务中衡量其生物多样性绩效。

在生物多样性的投资层面，赤道原则协会在 2003 年发布的《赤道准则》为金融机构在全球矿业、石油和林业等的项目融资提供了一个环境和社会风险管理框架和标准，该准则在世界银行和国际金融公司（IFC）的保障政策基础上创建。气候披露标准委员会（CDSB）编制了《生物多样性信息披露CDSB 框架应用指南》（《生物多样性应用指南》），帮助企业在主流报告中披露生物多样性给组织战略、财务绩效和状况带来的风险和机会的重要信息。联合国环境规划署在 2021 年发布的《负责任银行原则》对生物多样性目标的设定采取了务实的方法，就现有指导材料中缺乏的领域提供了例子、技巧和方法。保护国际（CI）和必和必拓制定了《生物多样性影响与效益框架》，考虑了特定地点的生物复杂性，探讨了利益相关方对衡量生物多样性影响和效益的不同理解和观点，并在五年期目标中增加了与外部合作伙伴一起制定更可靠的评估方法的建议。

针对多样性的保护措施层面，联合国环境规划署和世界保护监测中心（UNEP-WCMC）制定了《生物多样性补偿：自愿和遵守制度》。报告概述了企业自愿建立生物多样性抵消计划及政府的合规制度，这些制度要求企业评估并提出解决方案，抵消其对生物多样性和生态系统的影响，还强调了此类计划面临的现有挑战和机遇。

　　国际采矿及金属协会(ICMM)在2003年、2005年和2022年针对矿业开采项目的生物多样性影响和管理发布多项相关规定,包括《采矿和保护区:立场声明》《从矿业和生物多样性的良好实践指导意见》《ICMM矿业准则7:生物多样性保护》。世界可持续发展工商理事会(WBCSD)发布《商业生物多样性:使用IUCN提供的知识产品指南》的主要目标是提高企业对这些知识产品的理解,并促进这些知识产品更多、更好的被企业使用,为企业管理生物多样性影响并识别相应的机遇提供信息。此外,标普全球、富时罗素、明晟ESG评级也陆续发布了生物多样性相关的指标。

　　国际可持续发展研究所(IISD)针对农业领域发布了《商品生产生物多样性影响指标(BIICP)》。此外,IISD在2021年针对矿业领域发布了《矿业政策框架》(Mining Policy Framework, MPF),规定了"采矿、矿物、金属和可持续发展政府间论坛"(The Intergovernmental Forum on Mining, Minerals, Metals and Sustainable Development, IGF)成员在矿业部门实现良好治理的具体目标和程序。它代表了IGF成员确保其管辖范围内的采矿活动符合可持续发展和减贫目标的承诺。框架旨在避免和尽量减少对生物多样性的潜在不利影响,建议采矿实体在规划项目过程中,以及在采矿项目运行周期内发生重大工艺或操作变化时,需提交环境管理计划和更新以供投资方批准;识别、监测和处理采矿周期内对生物多样性的潜在和实际影响;根据国家标准和经营许可证条件持续进行监测、编制并向政府提交绩效评估,定期发布公众可随时查阅的报告。

## 2.1.3　金融机构

　　世界银行(World Bank)在2016年发布了《生物多样性补偿用户指南》,就是否、何时及如何为大型私营和公共部门发展项目准备和实施生物多样性补偿提供了介绍性指导。2018年,世界银行颁布了针对投资项目融资的环境和社会框架《ESS6：生物多样性保护和生物自然资源的可持续管理》，肯定了生物多样性对可持续发展的意义，要求项目进行环境和社会评估，考虑项目对栖息地和生物多样性的直接、间接和累积影响，并要求借款国采取措施来避免对生物多样性和栖息地造成不利影响的条款。生物多样性保护和生物自然资源的可持续管理》包含环境和社会评价，要求考虑项目对栖息地及其支持的生物多样性的直接、间接和累积性影响，且借款国将避免对生物多样性和栖息地的不利影响等条款。

　　亚洲开发银行的《保障政策声明(SPS)》包含了借款人/客户在环境评估过程中测算项目对生物多样性和自然资源影响的重要性和风险的要求。该文件旨在通过增加透明度，提供进一步的技术指导，增加亚洲开发银行支持的每个项目实现 SPS 中规定的环境保障目标的可能性。此外，亚洲基础设施投资银行(AIIB)发布了《环境和社会框架》，目标之一是通过采取将保护需求和发展优先事项结合起来的做法，协助客户保护生物多样性，促进生物自然资源的可持续管理。

　　此外，国际货币基金组织(IMF)、国际金融公司(IFC)、法国开发署(AFD)、欧洲复兴开发银行(EBRD)、美洲开发银行(IDB)、非洲开发银行、欧洲投资银行(EIB)、德意志银行(Deutsche Bank)也发布了生物多样性相关的评估和风险等指南或规范要求。

　　各类证券交易所，例如泛欧证券交易所、纳斯达克证券交易所、纽约证券交易所、伦敦证券交易所、深圳证券交易所、上海证券交易所陆续提出企业需要披露环境、社会和治理(ESG)的相关信息和指标。

　　2021 年 10 月，在云南召开的 COP15 第一阶段会议中，36 家中资银行业金融机构、24 家外资银行和国际组织共同宣示支持生物多样性保护。中国银行业协会党委书记潘光伟代表发布了《银行业金融机构支持生物多样性保护共同宣示》。宣示内容包括七个主要方面，分别是制定生物多样性战略；强化生物多样性风控；确立生物多样性偏好；加大生物多样性投资与创新；做好生物多样性披露；改善生物多样性表现；促进生物多样性合作。

### 2.1.4　政府机构

欧盟在 2014 年提出包括环境保护在内的非财务信息的披露，2018 年提出了将金融和可持续发展融资行动计划联系的战略，2020 年明确提出《2030 生物多样性战略》，旨在保护自然，扭转生态系统退化的趋势，明确了具体行动和承诺。2021 年发布的《可持续财务披露条例》指出企业需要披露生物多样性相关信息，证明其经济活动对生物多样性敏感地区没有负面影响。2022 年《欧洲可持续发展报告标准 E4 生物多样性和生态系统》明确披露要求，包括说明战略和业务模式对主要生物多样性和生态系统相关的物理和过渡风险的弹性等。法国在 2019 年发布了《法国能源与气候法第29 法令》，明确金融机构必须披露其金融活动如何依赖和影响气候和生物多样性。瑞典 2020 年发布《瑞典矿业和矿产行业生物多样性净收益路线图》为瑞典矿业和矿产行业制定了 2030 年要达成的目标，即在所有采矿和矿产业务和勘探地区实现生物多样性净收益。这意味着瑞典在该行业将进一步投资开发创新解决方案，以实现与自然和谐相处。

美国 2014 年发布《美国国际开发署生物多样性政策》，目的是建立一个人与自然共同繁荣的未来。该机构的生物多样性政策以保护生物多样性为基础，强调了自然生态系统在实现发展目标方面的关键作用；后续发布的《解释公告（IB2015-01）》《解释公告（IB2016-01）》《第 964 号参议院法案》《实操辅助公告 NO. 2018-01》和《2019ESG 信息披露简化法案》均是有关环境、社会和治理（ESG）指标的披露。

澳大利亚在 2019 年发布《澳大利亚国家生物多样性战略和行动计划：2019—2030 年国家自然战略》，汇集了全国各地现有的工作，旨在指导生物多样性保护的创新方法的发展。它总体目标是通过促进人与自然之间更紧密的联系，改善我们照顾自然的方式，以及建立和分享知识，以支持健康的生物系统。类似地，新西兰在 2020 年发布《2030 新西兰生物多样性战略》，制定实现目标的途径，并明确工作的负责方。

在亚洲，新加坡和马来西亚分别在 2019 年和 2016 年针对国家的生物多样性情况制定了《新加坡国家生物多样性战略和行动计划》和《2016—2025 年生物多样性国家政策》。菲律宾在 2015 年发布了《2015—2028 年菲律宾生物多样性战略和行动计划》。2018 年，韩国发布《大韩民国第四项国家生物多样性战略》，并以中央行政协议的形式制定了《生物多样性法》，每5 年制定并实施一次《国家生物多样性战略》。此外，印度尼西亚、巴西、秘鲁等国也制定了针对国家的生物多样性战略和计划。

### 2.1.5　企业

必和必拓集团在 2020 年发布了《集团要求——环境和气候变化》，在生物多样性风险和影响管理上明确严格管理和评估可能涉及世界遗产地以及国际自然保护联盟（IUCN）1 至 4 类保护区的任何开发、禁止任何造成物种灭绝的运营活动等原则，并对运营过程中潜在的土地和生物多样性影响进行评估，制定《土地和生物多样性管理计划》。美国铝业公司（Alcoa）在2021 年发布了《生物多样性政策》，旨在尽量减少对环境的影响，并促进土地的可持续利用。英美集团（Anglo American）的"可持续采矿计划"承诺在集团管理的所有业务中实现对生物多样性的净积极影响，通过详细的基线评估确定了需要保护和进一步恢复的关键栖息地、物种和重要生态系统。英美黄金阿散蒂公司（Anglo Gold Ashanti）的生物多样性相关标准，旨在确保从勘探到关闭的所有活动都将生物多样性保护措施纳入现场环境管理体系，符合东道国的要求和公司的价值观、业务原则、政策、标准和承诺。

此外，巴里克（Barrick）黄金矿业、瑞典 Boliden 矿业公司、自由港–麦克莫兰公司（Freeport-McMoRan Inc.）、纽克雷斯特矿业（Newcrest）、力拓（Rio Tino Group）、南非贵金属矿业公司 Sibanye-Stillwater、澳洲矿商 South32、泰

克矿业有限公司(Teck Mining Ltd.)、巴西淡水河谷矿业集团(Vale Mining Group)均已发布有明确生物多样性保护目标的相关企业承诺、政策或行动计划。

### 2.1.6  中国

我国商务部早在2009年已发布《中国企业境外森林可持续经营利用指南》,明确指出中国企业在境外应该保护国际公约和所在国家法律法规明令保护的物种及其栖息环境。环境保护部在2010年提出了《中国生物多样性保护战略与行动计划(2011—2030年)》,指出要统筹生物多样性保护与经济社会发展,以实现保护和可持续利用生物多样性、公平合理分享利用遗传资源产生的惠益为目标,加强生物多样性保护体制与机制建设,强化生态系统、生物物种和遗传资源保护能力。2013年,商务部进一步提出《对外投资合作环境保护指南》,要求企业审慎考虑所在区域的生态功能定位,对于可能受到影响的具有保护价值的动植物资源,企业应在东道国政府及社区的配合下,优先采取就地、就近保护等措施,减少对当地生物多样性的不利影响;对于由投资活动造成的生态影响,鼓励企业根据东道国法律法规要求或者行业通行做法,做好生态恢复。

2015年,《中共中央 国务院关于加快推进生态文明建设的意见》提出保护和修复自然生态系统,明确实施生物多样性保护重大工程,建立监测评估与预警体系,健全国门生物安全查验机制,有效防范物种资源丧失和外来物种入侵,积极参加生物多样性国际公约谈判和履约工作。2017年,中共中央办公厅、国务院办公厅印发《关于划定并严守生态保护红线的若干意见》,明确提出将生态保护红线的保护与修复作为山水林田湖生态保护和修复工程的重要内容:优先保护良好生态系统和重要物种栖息地,建立和完善生态廊道,提高生态系统完整性和连通性;分区分类开展受损生态系统修复,采取以封禁为主的自然恢复措施,辅以人工修复,改善和提升生态功能。

生态环境部、农业农村部和水利部在 2018 年制定了《重点流域水生生物多样性保护方案》，指出针对流域干流、重要支流和附属水体，要开展水生生物动态变化调查，建立预警技术和应急响应机制，定期发布流域水生生物多样性观测公报。

至 2021 年，国家各级部委发布多项针对生态和生物多样性的意见。《关于全面推行林长制的意见》和《关于新时代推动中部地区高质量发展的意见》，分别强调建立健全最严格的森林草原资源保护制度，加强生态保护修复，保护生物多样性，增强森林和草原等生态系统稳定性，统筹推进山水林田湖草沙系统治理。《关于深化生态保护补偿制度改革的意见》指出要大力实施生物多样性保护重大工程。《关于进一步加强生物多样性保护的意见》特别针对生物多样性提出 2035 年的目标、加快完善生物多样性保护政策法规、持续优化生物多样性保护空间格局、构建完备的生物多样性保护监测体系等建议。商务部印发的《中共中央 国务院关于深入打好污染防治攻坚战的意见》，明确实施生物多样性保护重大工程，加快推进生物多样性保护优先区域和国家重大战略区域调查、观测、评估。生态环境部发布的《企业环境信息依法披露管理办法》明确了企业环境信息披露主体、披露内容及时限并对监督管理提出要求；同时，对违反规定的企业的惩罚也给出了说明。

2022 年，针对生态保护，国务院办公厅发布《关于鼓励和支持社会资本参与生态保护修复的意见》，鼓励开发碳汇项目，引导当地居民和公益组织等参与科普宣教、自然体验、科学实验等活动和特许经营项目。生态环境部制定《企业环境信息依法披露格式准则》，对年度环境信息依法披露报告和临时环境信息依法披露报告的内容与格式进行了规定。中国人民银行在 2021 年出台《金融机构环境信息披露指南》，对金融机构环境信息披露形式、频次、应披露的定性及定量信息等提出了明确要求。

紫金矿业在有关"生物多样性与土地利用"的方案中提及，计划到

2030年，集团所有矿山都已制定并实施生物多样性保护计划，土地实现100%恢复，内容包括：采取"避免、减少和缓解""边开垦边修复"的管理策略；设置生态恢复专项基金；确保所有生产运营点区域内植被覆盖面积最大化，通过保护生物多样性、合理规划土地利用和实施生态恢复等措施，尽可能减少对土地的扰动及生态环境的影响；制定《生态环境保护政策声明》《生物多样性工作指引》《环境秩序管理基本标准》，引导各生产运营点做好生态保护工作；建立环境保护责任制，通过签订生态环境保护责任书，明确各层级人员生态环境保护工作职责，确保生态保护政策落地；制定《绿化工作导则》，为子公司绿化设计、复垦与水土保持工作的开展提供合规和技术参照；制定《环保生态检查管理规定》和《环保生态考核管理制度》，定期对矿区生态补偿、生态恢复等成效进行核查，并对各子公司环保生态年度目标绩效实行责任制考评。

中国五矿化工进出口商会前后编制了《中国对外矿业投资行业社会责任指引》《中国矿产供应链尽责管理指南》等标准和配套管理办法，帮助企业识别、防范和管控自身及供应链上的社会和环境风险，发起了《责任钴业倡议》《湄公河区域可持续天然橡胶价值链联合行动倡议》，为企业提供能力建设、技术咨询、申诉磋商、风险预警等服务，帮助中国企业更好地"走出去"。

其中，《中国对外矿业投资行业社会责任指引》对矿产资源开发过程中的生物多样性保护工作给出了明确的建议：在矿产开发周期和价值链中推动生物多样性保护和环境保护，应注意通过整合土地利用计划推动相关基础设施建设。①根据开采作业情况，结合生物资源保护与可持续利用的考虑，采取适当措施确定、监督影响生物多样性因素；②确立受开采作业影响的关键生物多样性区域，降低、避免、修复、消除对生物多样性和生态系统的负面影响；③采取适当措施降低对植被和土壤的影响，包括土壤保持措施、作业后复垦措施等；④确保矿业项目在其生命周期中，包括项目结束后，不对濒危物种产生威胁。

## 2.2 缓解层级框架

缓解层级(Mitigation Hierarchy)是一种管理与生物多样性和生态系统服务有关的风险和潜在影响的框架(图2-1)。在项目规划和实施时使用缓解层级框架,为保护生物多样性以及维护重要生态系统服务提供了一种有效方法。根据跨部门生物多样性倡议(Cross Sector Biodiversity Initiative,简称CSBI)定义:缓解层级是一系列行动序列,旨在预见并避免对生物多样性和生态系统服务产生影响;在无法避免时,进行最小化;当影响发生时,进行恢复或修复;在显著残留影响仍然存在时,进行补偿。缓解层级行动步骤如下:

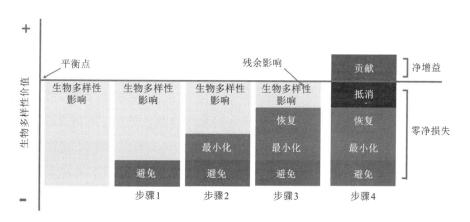

图2-1 缓解层级框架

(1)避免(Avoidance):第一步包括从项目一开始就采取的避免产生影响的措施。例如对基础设施进行谨慎的空间布置,或在施工时敏感地选择时间,以避免干扰;在稀有动物栖息地或关键物种的繁殖地周围布置道路,把握鲸群不在场的时机进行地震探测作业。避免往往是减少潜在负面影响的最简单、最便宜和最有效的方法，但它要求在项目的早期阶段考虑生物多样性；

（2）最小化（Minimisation）：第二步旨在减少无法完全避免的影响的持续时间、强度和/或范围。有效的最小化可以消除一些负面影响，例如减少噪音和污染的措施，设计降低鸟类电击风险的电力线路，或在道路上建设野生动物过街设施。

（3）恢复/修复（Rehabilitation/restoration）：这一步骤的目标是在无法完全避免或减轻影响的情况下，改善受损或消失的生态系统。恢复旨在将一个区域恢复到受到影响之前存在的原始生态系统状态，而修复仅旨在恢复基本生态功能或生态系统服务，比如通过种植树木来稳定裸露的土壤。在项目的生命周期末期通常需要进行修复和恢复，在某些地区，项目运营期间也可开展恢复工作。

总体而言，避免、最小化以及修复/恢复共同旨在尽量减少项目对生物多样性产生的残留影响。然而，通常情况下，即使这些措施得到有效应用，仍然需要采取额外的步骤，以实现对生物多样性没有总体负面影响或实现生物多样性的净增益。

（4）抵消（Offset）：在缓解层级的前三步措施完全实施后，抵消（补偿）旨在弥补残余影响。生物多样性补偿主要有两种类型：①修复补偿，旨在修复受损的栖息地；②避免损失补偿，旨在减少或停止可能发生的生物多样性损失。补偿过程复杂且成本高昂，因此通常更倾向于关注缓解层级中的早期步骤。

在矿产开发的全过程中，"绿色矿山"既要严格实施科学有序的开采，又要控制矿区及周边环境的扰动。生物多样性保护是绿色矿山建设中必不可少的环节，需要在整个矿山生命周期内对生物多样性进行严格监管和监控，从源头上确保自然资源得以充分保护，避免在生物多样性和生态系统遭到破坏后再进行修补，为自然资源和矿区周边的可持续发展奠定基石。

保护生物多样性应该贯穿整个矿业项目的开发过程，从初步勘探到建设完成各个阶段，最大限度地避免生物多样性损失，甚至实现净收益。每个矿产开发项目可以划分为开发阶段、运营阶段和闭坑阶段[7]。从技术角度来看，在每个阶段取得进展需要增加时间和资源的投入。同样，需要逐步努力解决环境和社会问题，包括生物多样性问题。

（1）项目开发阶段

不同公司对项目开发的不同阶段所用术语不同，但可总结为三个主要阶段：勘探、预可行性研究和可行性研究及工程建设。

①勘探阶段。

在项目勘探阶段，主要目标是发现经济可行的矿藏。通常由初级采矿公司进行，有时得到大型采矿公司的财政支持，但这往往具有投机性。勘探是一项高风险、高回报的活动，成功的可能性通常很低，但发现经济可行的矿藏的潜在回报却相当可观。由于初级采矿公司不太可能具备处理环境、社会和生物多样性问题的内部能力，因此在勘探阶段，保护生物多样性的责任应该落在其他相关方身上。加拿大勘探者和开发商 PDAC 协会的e3 plus 框架[8]是一本很好的工具书，旨在支持初级采矿公司解决勘探中包括生物多样性在内的所有环境问题。

勘探的早期活动对生物多样性的影响相对有限，但随着勘探的深入，相关活动可能会对生物多样性产生显著的影响。然而，在宏观层面上，如果勘探工作确定了具有经济价值的矿藏，那么勘探地区的最初选择可能对生物多样性产生深远影响。因此，即使在早期阶段，也有必要了解相关活动对生物多样性的长期影响。

在勘探早期阶段，公司应通过审查与生物多样性有关的法律法规、查询目标区域的法定保护地分布图和已有生物多样性研究和数据，识别所勘探地区生物多样性的重要性和特殊性，勘探行为可能触发的生物多样性影响及其给公司带来的政策和运营风险。

比如，ICMM 成员承诺避免在世界遗产地勘探或采矿，并同时尊重项目地、保护地相关法律法规，不贸然进行勘探或采矿。这些保护地实际上是 ICMM 成员的"禁区"。在获得项目地所在国管理部门批准的个别情况下，可以在保护地进行勘探。但勘探应该在高度管制的环境中进行，了解当地复杂的土地使用规划，识别各种限制因素（包括生物多样性），从而确定适合进行矿物勘探或开采的区域。并且，开放方需认识到在保护地进行矿物勘探或开采会对该地区重要的生物多样性产生严重影响。当然，世界上大多数勘探区域不会在法定保护地或者世界遗产地内，但开发方仍有义务选择合适的评估工具确定勘探地区的生物多样性状况，避免在生物多样性高敏感区域进行勘探工作。"昆明－蒙特利尔全球生物多样性框架"中的2030 年目标中最受重视的目标包括保护 30% 的陆地和海洋、恢复 30% 退化的生态系统。众多国家正在根据这些目标制定国家行动计划，许多目前还未成为保护地的关键生物多样性分布区会是未来几年各国保护地拓展的重点内容。矿物勘探早期如果不查询这些信息，就存在开发期面对保护地划定而产生的政策或者转型风险。

②预可行性研究和可行性研究阶段。

预可行性研究工作通常在勘探阶段取得初步成果之后开展，也可能与勘探工作的后期阶段重叠。预可行性研究工作和可行性研究工作之间的界限可能很模糊，前者通常确定可能的矿产储量在经济上是否可行，并研究若干备选方案；而后者通常确定已探明的矿产储量在经济层面是否值得开采，并详细讨论一个优选方案。在可行性研究工作阶段，需要额外的钻探和其他调查工作，确定矿床的范围和等级，采矿活动涉及空间范围通常更为明确，比如勘探营地和相关基础设施的位置等。

从生物多样性保护的角度，在预可行性研究阶段，充分了解项目区的生物多样性基本情况是非常重要的。具体建议进行的工作包括确定项目区域中所有重要的生物多样性具体空间范围和具体状况（动植物物种类别和数量、受保护或指标性物种的分布、生态系统服务功能、重点遗传特征等）。在此基础上，需初步审查可能的采矿方案（例如地下与露天）、处理方案及

可能的废弃物、水需求、废弃矿石或尾矿库等方案，并从技术、经济、环境
（包括生物多样性）和社会角度考虑每种方案的优缺点；进行初步的潜在影
响评估，并考虑可能的发展时间表。此外，备选采矿方法的初步分析应该
包括实质性的和记录在案的环境和社会投入，特别是对敏感环境中的生物
多样性的关注。

在可行性研究阶段，继续采矿的可信度进一步提高，会采集有关已探
明和可能储量的详细信息，并规划矿山开发和备选方案的详细设计；着手
制定的生产计划应包括要加工的矿石数量和要处理的废石；规划图会显示
基础设施、处理设施、废物处理和处置场地及附属设施的最佳方案。此外，
关闭计划也将在可行性研究结束时建立并纳入项目设计。

可行性研究阶段的采矿设计方案已确定，之后增加、更改将变得更加
困难，因此有必要在可行性研究阶段根据更详细的设计信息及更深入的环
境和社会问题评估，审查并更新预可行性研究阶段收集和分析的数据。在
此阶段，需要确保充分的人力物力投入，充分了解拟议项目与生物多样性
的关系，避免不利影响并加强生物多样性的保护或保育方案的设计。可行
性研究阶段结束时，环境和社会影响评估需要包括以下与生物多样性相关
方面的工作：再次确认项目地涉及的法律法规和政策规定、项目地可能涉
及的受影响的保护地和物种；对收集到的生物多样性基线情况进行分析，
评估生物多样性的重要性及当地生物多样性面临的威胁；评估拟议项目对
生物多样性的影响（直接的、间接的和诱发的）及对生物多样性利益相关方
的影响；讨论缓解措施（从建设到关闭）、成功实施的前景及对生物多样性
和利益相关方的剩余影响；讨论保护或增强生物多样性的选择方案。为了
解决采矿项目对生物多样性的潜在影响，所采取的缓解措施通常应该纳入
环境管理系统，详细地规定施工期间的缓解措施，并在运营和关闭规划阶
段进行适当调整。需要注意的是，可行性研究阶段的评估需要兼顾技术可
行性的考量和利益相关方的需求；需考虑项目地涉及的当地公众（原住民或
者社区居民），通过交流和沟通机制，了解生物多样性及当地公众对生态多

样性的需求。

③工程建设阶段。

在采矿项目中，施工阶段往往是环境破坏最为严重的阶段。在目前的技术条件下，项目地的地表植被会被清除，地表土层结构被干扰或者改动以放置或建设项目所需基础设施。这些变动不但会造成地表动植物被干扰或破坏，还会影响土壤层中的微生物群落和水土结构。尽管在可行性研究阶段会进行建设规划，并落实相应的环境和社会影响评估工作，但很多利益相关方往往没有做好准备以面对建设的现实。

道路和其他配套线性项目基础设施（例如专用铁路、输送浆料或精矿的管道或输电线）的建设可能会对生物多样性产生重大影响。这些线性项目基础设施可能会导致栖息地隔离或碎片化，从而对生物多样性产生重大影响。切断动植物种群之间的自然联系，会导致其所在生态系统的结构和功能出现变化，增加造成重大甚至是不可逆转的变化的风险。线性项目基础设施还会影响地表水系统，并显著影响湿地和地下水系统。溪流和河流流量的变化可能会影响邻近的栖息地或河流生态系统。如果规模巨大，甚至会对下游社区可能依赖的渔业造成干扰。在更偏远的地区，生物多样性和生态系统保持原真性和完整性，基本上未受大规模人为干扰。外来的资源开发项目存在引入外来入侵物种的风险，项目相关的交通建设存在引入更多外来人员并造成对当地资源的无序甚至非法使用的风险，都需加以评估和管理。

土地清理活动可能会直接或间接破坏栖息地。清理土地的行为会影响到生活在这些区域的野生动植物，尤其是珍稀濒危物种的生存，并触发相应的违规风险。土地开垦也可能对项目周边依赖生物多样性的当地居民产生生产生活上的重大影响，最明显的是自然资源的减少和质量下降（动植物、水资源等）。如果社区因土地清理而需要重新安置，他们可能会对搬迁地点附近的生物多样性造成额外压力。

这些风险是基于开采行为对土地利用方式的改变产生的连锁反应，需要在基线调查中进行识别并计划解决方案，通过多情景模拟的方法测试不同方案在技术上和人力物力上的有效性和可行性，并就计划采取的解决方案和利益相关方进行充分沟通。

建筑材料的采购也可能对生物多样性产生重大影响，潜在的影响和缓解措施应作为环境影响评估和详细设计的一部分加以考虑。与采矿项目建设相关的工人(有时是数千名临时工或承包商员工)及相关的生活基础设施的建设也可能对生物多样性产生重大影响。在生物多样性关键或者敏感区域，项目开发和周边基础设施的新建，可能会吸引更多的外来移民，大大增加当地自然资源被过度使用的压力。

此外，在施工期间，承包商交付合同的压力通常很大。在这种情况下，相关的环境监测计划中承诺的缓解措施的责任可能被压缩或敷衍对待。在设计缓解措施、分配实施这些措施的责任及进行施工监督时，必须考虑到这些现实情况，以确保向生物多样性和受影响的利益相关方提供充分的保护。

(2)项目运营阶段

矿山运营或作业是指与矿石提取和加工、废料处理和产品运输有关的所有活动。这是采矿公司的核心业务，也是开始生产以抵消建设成本和相关支出的关键。此外，它还包括与辅助基础设施相关的操作问题。尽管辅助基础设施建设通常需要一到三年的时间，但可能需要运营几十年。虽然新项目开发期间的工作重点几乎完全是预测和减轻影响，但业务阶段往往为保护和增强生物多样性提供机会。

近几年，新的采矿项目日益重视环境和社会影响评估，通过进行详细调查和规划来管理其业务对生物多样性的影响。对于已经运营了一段时间的现有采矿作业，或者在开始生产之前可能对生物多样性的考虑有限的采矿作业，虽然错过了计划阶段的最佳基线设立时间，但也需要通过开采过程中阶段性的评估和监测，识别风险并加以响应。

辅助基础设施的潜在影响主要发生在设计和建造期间，但后续的基础设施维护和运营，比如杂草和害虫防治，也可能影响生物多样性。因此，在规划阶段需要尽可能涵盖维护运营阶段的影响和风险识别，以便配备解决和应对方案。比如，对于杂草和害虫防治，需配备对生物多样性友好的病虫害管理方法，优先考虑非化学控制的病虫害管理方法。在必须使用化学除害剂的情况下，所选用的除害剂应对非目标物种的动植物毒性低，不造成严重影响。此外，近年来一些危险物质泄漏事故，例如秘鲁 Choropampa 街道上的汞和吉尔吉斯斯坦 Barskaun 河中的氰化钠泄漏，备受关注。矿业公司逐渐开始关注采矿运输作业对生物多样性造成的危害和风险评估。

通常覆盖层的清理和矿井的开发是采矿过程中最容易被看到并受到关注的工作，但矿山开采对生物多样性的影响不是局限在矿井的区域范围和开采初期的建设阶段，而是延伸至对矿坑的土地清理、逐步向新区域的扩张和配套基础设施的扩张。通常情况下，大型、寿命长的矿山会经历多次扩张，这些扩张需要新的基础建设和运营等，这些动作可能与开采新矿山的影响相当，因此需要进行相应的环境和社会影响评估或更新最初的环境和社会影响评估。

除了土地清除会干扰当地野生动植物的生存或活动以外，采矿作业所需的爆破、挖掘和将开采的矿石运输至加工设施等环节也会影响各类生态系统的功能和结构。例如，通过矿山排水或地表水流改道改变水文或水文地质状况，污水排放到或靠近具有高生态价值的湿地或河岸地区的水道、低酸性地下水或高金属污染物从废石或尾矿储存区下面迁移、抽取地表水或地下水用于矿物加工和饮用，均可能影响湿地、河岸或水生生物多样性。冲积矿床（例如金或钛）的砂矿开采通常位于河床或湿地中浅层矿床，对涉及的水生生态系统和生物多样性保护增加额外的挑战。以下活动也可能对生物多样性造成潜在影响：湿法冶金加工过程中化学品的意外释放和尾矿处置；焙烧和冶炼等火法冶金过程产生的空气排放物，其中包括二氧化硫、颗粒和重金属，可能造成动植物中毒；火法冶金过程中含有有毒金属的炉渣的处置；低品位的储存堆浸入地表水和地下水中，造成土壤和周边相连水生生态系统破坏或干扰，并进一步影响依赖这些生境或栖息地繁衍生活的野生动植物和当地居民。

当开采的矿石通过筛分、破碎和研磨等物理过程或通过浸出等化学方法升级为精矿或最终产品时，会产生尾矿。尾矿库对生物多样性的影响主要表现在三个方面。首先，初始足迹具有不可避免的影响，因此选址是对运营、修复成本和关闭后的责任造成最深远影响的设计因素。其次，尾矿可能含有夹带的液体和可流动的金属污染物，这些污染物可能渗入地下水或出现在地表溪流中，对生态造成影响。最后，事故虽然很少发生，但可能会造成灾难性的影响。良好的设计和施工，以及管理和监测系统，将最大限度地减少事故发生的可能性。

处理废料或尾矿的方式会对生物多样性造成不同影响。陆地储存是最常用的方法，通常包括在山谷上建造大坝和尾矿库。在降水量超过蒸发量的国家，如加拿大和挪威，可以在现有水体周围建造挡水大坝和导流结构，以便将尾矿置于水面以下。该方法具有防止硫化物尾矿氧化及相关酸排放的优点。这些结构对生物多样性的潜在影响通常是局部的，但如果发生破坏，对下游的影响可能是重大的。

在某些情况下，会采用海底尾矿排放（Submarine Tailings Disposal, STD）方法。现代的 STD 系统通常包括对尾矿进行处理，去除其中最有害的化学物质，然后用海水除气和稀释（以降低浮力），最后通过水下管道将尾矿泵送到 80~100 m 的深度进行排放。其目的是在表面热跃层和光合带以下释放尾矿，使其形成一股"密度流"，可以迅速沉入海洋深处。尽管支持者认为，对底栖生物可能产生的不确定影响比对生物多样性的陆地影响更可取，但 STD 的环境效益受到质疑。批评者指出管道存在破裂风险，尾矿扩散及其对底栖生物的影响具有不可预测性，该种方案需慎重考虑。

无论采用哪种方法处理尾矿，都应明确考虑其对生物多样性的影响。必须在个案的基础上确定特定尾矿管理做法的适当性。风险评估程序可用于确定潜在和可能的影响，从而确定不同尾矿管理方案的合理性。尾矿管理方法应符合风险评估及监管机构和其他利益相关方的要求。

(3)闭坑阶段

闭坑计划是以对环境和社会负责的方式关闭采矿作业的过程，首要目标通常是确保采矿后的土地可持续使用，例如关闭后的经济用地与生物多样性保护用地的比例。闭坑规划应包括恢复和防止污染的措施及解决社会和经济问题的补充措施，同时为恢复勘探和运营阶段所影响的生物多样性提供机会。

制定可实现的生物多样性重建目标和指标是至关重要的，因其可为公司提供一个重建计划的框架和提供可衡量的标准，监管当局和其他利益相关方可以根据这些标准来确定公司在关闭矿山和出让租约之前是否满足所有相关要求。这些生物多样性的指标和目标应纳入整体环境管理体系。

矿山闭坑并不是一次性的案头工作，应该通过一个动态和反复的过程来制定，涉及到矿业利益相关者。在制定生物多样性目标时，应始终考虑以下方面：相关的法规要求和其他指南；与主要利益相关者进行有效咨询；需要了解和协调竞争性利益；所有有关生物多样性的可用信息；技术限制；开采前土地用途和生物多样性退化的程度；是否有意减轻还是增强；开采后土地所有权和土地用途；整合到整个租约生物多样性管理中；减小二次影响；其他生物多样性改善的机会。

从广义上讲，恢复是指采取措施，使开采区域在关闭后恢复商定的用途。这包括恢复措施能确保项目地及周边在较长期内不受残留污染的破坏。在一些国家，法律要求恢复采矿前的土地用途，而在另一些国家，最终用途可与管理当局或更广泛的利益相关方进行谈判。恢复有时会带来巨大的成本，相比之下，替代的恢复方案可能以较低的成本实现，但对生物多样性的潜在好处更大。生物多样性的恢复目标应该是要建立一个与现有生态系统尽可能相似的且可持续的本地生态系统。

在闭坑阶段的目标制定过程中，需要注意管理好利益相关各方的期望，通过充分沟通来避免误解或预期落差的阐述。公司应该关注该地区运营的其他矿山取得了什么成就，最近的研究表明哪些措施是可能的。Gregory Crinum 煤矿的经验说明了社区参与规划恢复和关闭的益处[7]。

在收益—成本不符合实际的情形下，还应考虑其他能提供生物多样性价值的目标。例如，第一，修复重要的本地功能物种（如用于控制侵蚀或固氮）、具有美学价值的物种，以及对生物多样性保护具有重要意义的任何可以确定的本地物种，同时防止在没有适当控制的情况下可能引入的外来/非本土物种。第二，其他土地用途，如生产食品、药品或文化价值是优先事项的情况下，重新建立生物多样性价值可能是相容并可以兼顾的目标。第三，恢复关键物种，例如稀有或受威胁植物物种，或着重恢复适合稀有或受威胁动物物种恢复的栖息地。

达到生物多样性恢复目标的具体时限应该由公司、监管机构和其他利益相关方讨论决定，但通常没有强制规定。在制定生物多样性恢复目标时，采矿公司应始终考虑长期维持保护生物多样性价值所需的管理要求、执行责任及管理费用筹措办法。

# 2.3　国外矿业公司生物多样性保护案例分析

本章选择了 4 个典型的矿山开采项目，包括塞内加尔 Mako 金矿、土耳其 ÖksÜt 金矿、马达加斯加 Ambatovy（安巴托维）镍钴矿、蒙古国 Oyu Tolgoi，OT（奥尤陶勒盖）铜矿，深入探讨其生物多样性保护措施及效果评价。

## 2.3.1　案例介绍

首先分别介绍所选择的 4 个矿山项目的基本情况，相关信息总结在表 2-1。

表 2-1　全球 4 个典型矿山案例

| 序号 | 矿山 | 地区 | 开始时间 | 目前进展 | 生物多样性影响区域或种类 |
|------|------|------|---------|---------|------------------------|
| 1 | Mako 金矿[9] | 塞内加尔 | 2016 年 | 进行中 | 尼奥科罗—科巴国家公园，大象、黑猩猩和狮子等各种标志性动物 |
| 2 | ÖksÜt 金矿[9] | 土耳其开塞利省 | 2020 年 | 进行中 | 苏丹里迪国家公园（NP）、国际重要拉姆萨尔湿地、重要鸟类和植物栖息地 |
| 3 | Ambatovy 镍钴矿[10] | 马达加斯加 | 2007 年 | 进行中 | 东部热带雨林走廊，14 种狐猴、32 种其他哺乳动物、122 种鸟类、近 200 种爬行动物和两栖动物、50 种鱼类（包括 25 种特有物种）和超过 1580 种植物 |

续表2-1

| 序号 | 矿山 | 地区 | 开始时间 | 目前进展 | 生物多样性影响区域或种类 |
|------|------|------|----------|----------|--------------------------|
| 4 | Oyu Tolgoi 铜矿[11] | 蒙古国 南戈壁省 | 2011 年 | 进行中 | 多牧场栖息地，萨克索尔森林，河边的榆树和白杨、亚洲野驴(蒙古国库兰)、波斑鸨、鹅喉羚、12 种其他鸟类、4 种其他哺乳动物和8 种植物 |

（1）Mako 金矿

Mako 金矿是塞内加尔东南部 Kédougou 地区的一个露天金矿开发项目。此金矿由 Resolute 的塞内加尔子公司 Petowal 矿业公司(PMC)拥有和运营，Resolute 拥有 90% 的权益，塞内加尔政府拥有剩余 10% 的权益。该项目的最终可行性研究(DFS)和环境与社会影响评估(ESIA)已于 2015 年 7 月完成，并于 2016 年 7 月从塞内加尔政府获得了 15 年的采矿特许权。该项目于 2016 年 8 月开工建设，2018 年 2 月开始生产。

生物多样性是影响该矿生产的一个关键因素。该矿与尼奥科罗—科巴国家公园(NKNP)相邻，此公园是西非第二大国家公园，也是联合国教科文组织世界遗产，是大象、黑猩猩和狮子等各种标志性动物的家园。不幸的是，该公园正受到威胁：由于各种生态系统紊乱，它在 2007 年被列为世界濒危遗产，至今仍在名单上。

Mako 金矿的生物多样性目标是在周边地区支持无净损失，并努力确保更广泛的地区最终受益于矿山的存在。矿场运营商 Petowal 矿业公司已承诺将使该地区保持与该矿开发之前一样甚至更好的状态。矿山经营者对无净损失的承诺主要集中在以下几点：

①塞内加尔政府关于生物多样性的机构、法律和政策的管理。塞内加尔的生态保护和自然资源利用由环境与可持续发展部管理，该部有三个与 Mako 金矿相关的主要部门，国家公园管理局(DPN)、环境管理局和水与

森林管理局；生物多样性和生态系统管理的主要相关法律包括《狩猎法》
(1986)、《森林法》(1998)、《环境法》(2001)和《矿业法》(2003)。该国还
制定了国家生物多样性战略和行动计划及国家生物多样性委员会。

②国际环境公约和条约。塞内加尔是对管理和保护生物多样性至关重
要的几项国际环境公约的签署国。与预防和减轻采矿对生物多样性和生态
系统的影响最相关的是《保护世界文化和自然遗产公约》(1972)、《保护野
生动物迁徙物种公约》(《波恩公约》)(1983)、《生物多样性公约》(1992)、
《拉姆萨尔湿地公约》(1971)、《濒危野生动植物种国际贸易公约》(1973)、
《关于汞的水俣公约》(2016)。

③国际领先的实践。领先的矿业公司和贷款机构越来越多地进行公开
承诺，与生物多样性和生态系统保护方面的国际最佳做法保持一致(见国际
金融公司、欧洲复兴开发银行和世界银行的绩效标准)。国际金融公司关于
生物多样性管理的六个绩效标准(Performance Standard 6)被许多利益相关
方视为一种领先做法。

(2) ÖksÜt金矿

Öksüt金矿位于土耳其开塞利省的山区，土耳其中南部的落叶树草原生
态区。该矿于2020年开始生产，预计寿命为8年，位于欧洲、亚洲和非洲
交会处的重要生态地区。附近的苏丹里迪国家公园(NP)是三大洲之间的留
鸟和候鸟的重要喂养、繁殖和集结地。该公园已被确定为重点生物多样性
区、重要鸟类区和重要植物区。它也被指定为国际重要拉姆萨尔湿地。最
大限度地减少矿山对公园和周边地区的影响——该地区已经受到放牧、污
染、过度捕捞和水资源管理不善的威胁——是矿山运营商森特拉黄金公司
早期关注的关键问题，也是矿山主要贷款机构之一欧洲复兴开发银行的
要求。

作为该矿ESIA的一部分，并根据欧洲复兴开发银行六个绩效要求
(Performance Requirement 6)：生物多样性保护和生物自然资源的可持续管
理，采矿者在生产前制作了几个关于生物多样性管理的关键文件，即生物

多样性管理计划、生物多样性行动计划、生物多样性抵消策略，以及生物多样性抵消管理计划（BOMP）。这些影响不仅包括对矿区生物多样性的影响，还包括因其配套基础设施（矿区的通道、管道和电力线）而产生的影响。这些计划和战略有助于实现该项目的总体生物多样性目标，如 BOMP 所述：确保发展地区的生物多样性最终受益于项目在该地区的存在。其目标是对发展中地区的生物多样性产生净积极影响。矿业公司的目标是在矿山关闭期间实现这一目标，但将寻求机会在项目生命周期内尽早实现净积极影响。

（3）Ambatovy 镍钴矿

Ambatovy 镍钴矿是马达加斯加的一家大型镍钴矿开采企业，是撒哈拉以南非洲地区最大的投资之一，包括位于中东部城镇 Moramanga 附近的红土矿和位于东海岸城市 Toamasina 的加工厂。这两个地点由一条约 220 km 长的管道连接。项目于 2007 年开工建设，2012 年竣工。2014 年 1 月，安巴托维达到了商业化生产的要求，这一成就是安巴托维工厂全面投产的重要里程碑。项目预计作业寿命为 29 年。

马达加斯加是全球生物多样性的热点地区，具有极高的地方性，同时镍钴矿开采也具有极高的威胁。在大规模砍伐森林之后，原始森林覆盖率只剩下大约 10%。Ambatovy 镍钴矿位于东部热带雨林走廊一大片残余区域的南端，生物多样性丰富。矿山的东北部是 Ankeniheny-Zahamena 森林走廊（CAZ），而东部是 Torotorofotsy 湿地（拉姆萨尔 2 号遗址）和 Mantadia 国家公园。连接煤矿森林道 CAZ 和 Mantadia 的是一个完整的森林区域，被称为 Analamay-Mantadia 森林走廊（CFAM）。这些森林中有 14 种狐猴、32 种其他哺乳动物、122 种鸟类、近 200 种爬行动物和两栖动物、50 种鱼类（包括 25 种特有物种）和超过 1580 种植物（包括 250 种兰花），为马达加斯加已知植物品种的 10% 以上。

Ambatovy 镍钴矿的使命是成为全球市场可持续生产高品质镍和钴的领导者。其愿景是通过忠诚敬业的员工队伍，在安全、环境管理、社会绩效、产品质量、生产和成本效益都佳的情况下提供世界一流的产品。在 Sherritt

展现环境责任的承诺的指导下，Ambatovy 镍钴矿的目标是达到或超过其所有的环境义务，并实现生物多样性的无净损失，最好是净收益，以及对马达加斯加生态系统的无净损害。2006 年，Ambatovy 镍钴矿山作为试点项目加入了商业和生物多样性抵消计划（BBOP），目的是受益于实现其生物多样性目标的最佳做法，并为其做出贡献，目前该矿山的生物多样性保护措施和效果位居全球最高水准之列。

（4）Oyu Tolgoi 铜矿

Oyu Tolgoi 铜矿位于蒙古国的南戈壁省，在首都乌兰巴托以南约 550 km，距我国边境约 80 km，矿区面积 85 $km^2$。初步探明铜储量为 3110 万 t、黄金储量为 1328 t、白银储量为 7600 t，还有钼等矿产资源。投资方的最大股东为力拓集团，拥有 66% 的直接控制权，而蒙古国政府拥有剩余 34% 的股权。项目 2011 年投入 45 亿美元，2013 投入 100 亿美元，2021 年投入 67.5 亿；2011 年 8 月开始露天项目准备，2012 年 4 月开采，铜产量为 14.63 万 t/a；2023 年地下项目投产且铜的产量预计为 48 万 t/a。目前，项目在运营中。

该铜矿的生物多样性情况：萨克索尔森林，河边的榆树和白杨，蒙古野驴，波斑鸨，鹅喉羚，12 种其他鸟类，4 种其他哺乳动物和 8 种植物。

目前生物多样性存在多类风险。矿山开采相关活动可能会直接或间接威胁濒危动植物，导致其栖息地的失去或减少：矿山开采中爆破所产生的冲击波、振动、飞石和瞬时噪声等均对生物正常栖息产生较大影响；工程作业也会使该区域扬尘等大气污染物增加，影响生物的呼吸系统；矿山开采造成生态系统分隔和基础设施（例如连续公路）减少生物的活动范围；矿山建设工程的表土剥离、堆放工作会破坏地表植被；开采活动的固废和废水会增加动植物所依赖的水和土壤的有害物质；一些相关建设活动可能会威胁动物生命（例如布设电桩的高压导致鸟类触电死亡）。

## 2.3.2　缓解层级特征

针对全球 4 个经典矿山项目，分别深入调查了其生物多样性保护的缓解层级特征，总结见表 2-2。

表 2-2　全球 4 个经典矿山的生物多样性保护缓解层级特征综述

| 序号 | 矿山 | 避免 | 最小化 | 恢复或重建 | 补偿或抵消 |
|---|---|---|---|---|---|
| 1 | Mako 金矿 | 减少矿区占地面积；重新规划道路 | 尽量减少植被清除期间的占地面积对自然栖息地的负面影响；遵守标准作业程序；降低和严格执行速度限制，禁止夜间在项目区域以外驾驶 | 在项目区域内创造稳定的地貌，提供自我维持的自然生态系统；在矿山停止作业后，修复和关闭期将延长约 5 年，并检测评估 | 生物多样性补偿活动在尼奥科罗—科巴国家公园并扩展到其外 |
| 2 | ÖksÜt 金矿 | 建立生物多样性基线：实施鸟类有利位置调查等措施 | 监测电力线对鸟类的影响；安装分流器阻止鸟类飞近或落在电缆上 | 重建该地的自然形态和水文；将大部分受到威胁的栖息地恢复到原始状态 | 现有种群的现场保护：受威胁的种群周围建造围栏；现有种群的增强：通过种子培育和种植计划、插枝和重新种植；创建新种群：确定合适的区域，为受威胁植物物种创建新的受保护种群 |

续表2-2

| 序号 | 矿山 | 避免 | 最小化 | 恢复或重建 | 补偿或抵消 |
|---|---|---|---|---|---|
| 3 | Ambatovy 镍钴矿 | 项目设计阶段：最小化矿山作业的占地面积；建立两个306公顷的无区域森林保护区；建造沉积物坝以避免对下游集水区的影响；铺设管道以避免森林碎片等敏感区域；将加工厂选址在退化的沿海土地上而不是靠近矿山 | 有节奏、有方向、分批地砍伐森林；在清理之前，对动植物进行清点，标记关注的植物物种以供抢救，同时标记有筑巢鸟类或哺乳动物的树木以进行保护，直到羽化或被救助。在清理期间，将抢救和保护优先植物物种、哺乳动物、鸟类、爬行动物和两栖动物。在清理和挖掘之后，木材被移走分发给当地社区，收集灌木用于覆盖表土 | 正在进行试验以评估各种修复方法。树苗在生产苗圃中生长，而稀有和顽固的物种则在塔那那利佛大学的实验室中通过组织培养进行培育 | 选择五个地点作为当前综合抵消计划的一部分。这些地点是根据各种标准确定的，最重要的是其生物多样性(优先物种和受影响的森林类型)的可比性(同类)及长期保护措施(即以避免森林和优先物种损失的形式获得的收益，超过了在持续砍伐森林的"一切照旧"情况下会发生的情况) |

续表2-2

| 序号 | 矿山 | 避免 | 最小化 | 恢复或重建 | 补偿或抵消 |
|---|---|---|---|---|---|
| 4 | Oyu Tolgoi 铜矿 | 无 | 电力线路，220 kV 线路 130 km，低/中压线路约 50 km；道路实施限速，GIS 监控车辆，防止越野驾驶、动物穿越；提供木材供应替代品，减少对梭梭树及榆树的砍伐；开展关于生物多样性价值和所需缓解措施的工作人员和承包商的培训；联合当地社区制定教育计划 | 创建本土植物繁殖中心；进行国内濒危物种的繁殖；修复施工期间受影响的废弃道路，约 1700 公顷土地经技术修复，520 公顷土地经生物修复 | ①对于蒙古国野驴的补偿为，拆除横贯蒙古国铁路沿线的围栏，以增加牧场栖息地的面积及相互之间的连通性，开放两段围栏；②对于鸟类的补偿为，引入非项目电力线路的缓解措施，制定国家野生动物友好型的高低压线路标准；③对于蒙古国野驴和鹅喉羚的补偿为，打击偷猎以减少非法狩猎，多个巡逻小队在小戈壁重点保护区内巡逻，训练护林员使用 SMART 空间监测和报告工具 |

（1）Mako 金矿

为实现生物多样性无净损失的目标，并与出借人标准和国家立法保持一致，Mako 金矿的管理人员利用缓解层级避免和尽量减少项目的负面影响，尽可能恢复受影响的生物多样性和生态系统，并抵消剩余影响。

在最初的生物多样性评估中，西部黑猩猩被确定为项目区域内的优先物种之一。保护黑猩猩及其栖息地将对其他物种和更广泛的生态系统产生重大的积极影响。为了限制矿山建设和相关线性基础设施对该物种的潜在影响，采矿公司实施了以下关键的预防和缓解措施。

①避免。

项目设计并实施了几个关键的避免措施，包括：

减少矿山占地面积：在可行性研究中，对矿山设计和布局进行了重大更改，所有主要矿山基础设施(露天矿山、废石、尾矿库和加工厂)在一个约300公顷的集水区内进行了加固和封闭，是原计划占地面积的一半。新的设计既避免了黑猩猩栖息地的直接消失，也避免了邻近集水区的废水流入核心筑巢栖息地的土地。

重新规划道路：矿山主要道路的最初规划将会对黑猩猩造成影响，因为其在黑猩猩活动范围的东部，黑猩猩将无法进入重要的旱季水源、森林走廊和觅食栖息地。这条道路随后被重新规划，以配合现有的社区基础设施，避免对黑猩猩的影响。

②最小化。

项目采取了进一步的缓解措施，尽量减少矿山开采活动对黑猩猩及其栖息地的负面影响。

矿山运营商确保尽量减少植被清除面积对自然栖息地的负面影响，特别是对黑猩猩种群。

矿山运营商还通过告知工作人员和承包商遵守标准作业程序，在施工和作业期间管理爆破，并限制在夜间使用某些机械和车辆，最大限度地减少对黑猩猩种群的声音和振动干扰。在可能的情况下，使用天然屏障(如树木和土丘)来缓冲噪声和振动，特别是在敏感区域附近。

黑猩猩面临的另一个风险是因车辆和机械碰撞造成的意外伤害和死亡。采矿公司通过降低和严格执行速度限制，禁止夜间在项目区域以外驾驶，将这一风险降至最低，除非获得特别许可或在紧急情况下。在发生事故时，工作人员和承包商遵循受伤野生动物协议。相关的强制报告系统包括对事件的评估和分析是否需要采取进一步的缓解措施。

③恢复或重建。

项目还制定了一个框架，为逐步恢复场地提供了一种方法，并为项目的停止作业和关闭制定了计划，所有这些都符合立法要求。其总体目标是防止或减少不利的长期环境、物理、社会和经济影响，并在项目区域内创造稳定的地貌，提供自我维持的自然生态系统。这一框架将在矿山的整个生命周期内不断完善，在矿山停止作业后，修复和关闭期将延长约 5 年。5 年关闭期间的监测将确定矿山是否符合规定的关闭标准，符合后才允许正式关闭，或者是否需要采取额外的补救措施来实现计划的关闭目标（可能延长关闭期限）。

④补偿或抵消。

Mako 金矿的生物多样性补偿计划减轻了矿山对尼奥科罗—科巴国家公园内部和附近黑猩猩的剩余影响。该计划的目标是保护物种及其栖息地，最终实现生物多样性的整体净收益。该项目采用综合和参与式的土地使用规划方法，由一个由矿山经营者、保护区当局、社区和非政府组织组成的小组实施，并由一个由国家和国际保护和资源管理专家组成的小组提供建议。

塞内加尔国家公园部门和非政府组织 Panthera 与该金矿运营商合作，制定了一项保护计划，覆盖尼奥科罗—科巴国家公园东南地区 1800 km$^2$ 的干预区。自 2017 年 6 月以来，该项目一直致力于加强该地区的安全、监测和保护管理。

在 2018 年的可行性研究中，生物多样性咨询公司确定，该矿山运营商可以将其生物多样性补偿扩展到 NKNP 之外，以实现 Tomboronkoto 社区更广泛景观中所有优先生物多样性的净收益。为了使景观的生态状况比开矿前更好，矿山经营者需要制定中期和长期的保护战略，至少延长矿山 8 年的使用寿命。落实这些战略的进展仍在继续，包括土地使用规划和土地管理、生计发展、制定法律和政策框架、社区意识提升、社区层面的执行。

（2）ÖksÜt 金矿

ÖksÜt 金矿为保护生物多样性和生态系统而制定的计划和战略是根据土耳其国家标准和国际良好做法设计的。这一进程的早期步骤是对当地环境进行背景研究，以确定可能会受到矿山建设和运营负面影响的优先物种和关键栖息地。矿业公司还分析了在努力避免、减轻这些影响并进行恢复后，残余影响可能仍然存在的地方。如何应对这些残余影响成为了ÖksÜt金矿生物多样性补偿管理计划的主题。

①建立生物多样性基线。

由于该矿靠近重要鸟类保护区和拉姆萨尔湿地(苏丹里迪NP)，采矿公司需要更好地了解该作业对当地和迁徙鸟类的潜在影响。为了实现这一目标，采矿公司在春季和秋季迁徙期间进行了有利位置调查。这些调查主要集中在矿山拟议的电力线上，这是矿山基础设施中最接近NP和湿地的部分，并且在矿山的ESIA中已经确定了潜在的负面影响(如碰撞、触电、栖息地丧失和破碎化)。

调查的目的是确定优先迁徙路径是否越过电力线，特别是对于受保护的目标物种，同时更好地了解飞行行为、飞行方向、飞行高度及在迁徙期间与此迁徙相关的个体数量运动的两个关键季节。在拟议的电力线路线2 km范围内的有利位置进行了六次调查。调查的重点是在矿山的ESIA中确定受保护的物种，包括猎隼和红脚猎鹰、红麻鸭和西部沼泽鹞——这些物种要么受到威胁，要么在迁徙期间在该地区大量聚集。

调查显示，拟议的电力线没有交叉，也不会成为生活或经过该地区的鸟类的迁徙瓶颈。调查还发现，大多数迁徙飞行发生在比计划的电力线更高的海拔高度。尽管有这一发现，该矿业公司仍承诺继续监测电力线，包括每月鸟类死亡率调查，以确保在矿山的整个生命周期不会产生负面影响。该矿业公司还沿矿井的电力线每10 m安装一个分流器，以阻止鸟类落在电缆上。监测工作将每年在矿山的年度生物多样性报告和鸟类学监测报告公开。此外，调查数据和其他研究与保护区当局共享，以加强对NP的管理。

②缓解层次结构的实施。

除了在鸟类方面开展的矿山经营外，还在矿山建设之前采取了一系列保护行动，以避免、尽量减少和抵消矿山可能对当地植物群(或优先生物多样性特征)和栖息地产生的任何潜在直接和间接影响。这些行动的设计和实施符合矿山的生物多样性管理计划、生物多样性行动计划和 BOMP，以及欧洲复兴开发银行的 PR6。该矿的 ESIA 具有以下影响：

直接影响：植被清除、陆地表土的扰动、新基础设施导致的栖息地丧失、鸟类与矿山基础设施之间的负面相互作用(碰撞、触电)。

间接影响：气体污染物的排放，灰尘，地貌和水文的变化，入侵物种的意外引入。

在闭矿时，矿山经营者承诺要重建该地的自然生态和水文，并将大部分受到威胁的栖息地恢复到原始状态。

直接和间接影响并不都可以通过避免、最小化和恢复解决。初步研究表明，该矿的建设和运营将不可避免地对两种脆弱的植物物种(Campanula stricta var. aladagensis 和 Verbascum luridiflorum)和一种受到威胁的栖息地(伊朗—安纳托利亚高原)产生残余影响。因此，这些影响需要采取补偿措施，以确保矿山经营者实现其总的生物多样性目标。

为每个受影响的植物群物种建立了补偿目标。为了考虑补偿活动期间的潜在损失，补偿目标被设定为项目对物种的预期净损失的120%，从而创建了安全缓冲，以确保项目的成功。该矿在实地进行了试点，以测试各种抵消方案，最终选择了三个主要活动：

①现有种群的现场保护。在可能的情况下，矿山经营者应在矿山界内但在主要建设和作业区外保护那些受到威胁的植物种群。这将包括在受威胁的种群周围建造围栏，以阻止地区牲畜放牧造成的草地的进一步退化，这一策略也将用于重新引入的种群。人们希望能通过围栏减少过度放牧、牲畜对土壤的压实，以及继续引进更多可口的(但不一定是当地特有的)饲料来帮助改善草地健康和生物多样性。

②现有种群的增强。矿山企业努力加强矿山内现存受威胁植物群的数量。为了增加这些稀有植物物种的生存机会，将努力在那些非常适合它们继续生存的地区增加其种群规模、密度和遗传多样性，但不受矿山及其配

套基础设施的直接影响。这将通过种子培育和种植计划、插枝和重新种植在施工期间从矿山现场小心移走的、打捞上来的个体来实现。

③创建新的种群。矿山经营者将与当地专家合作，确定合适的区域，为受威胁植物物种创建新的受保护种群。标本将从矿区和其他稳定种群转移到种植地点，并提前进行测试，以帮助确保其在新地点的生存能力。上述策略将支持这些迁移的植物；新的地点将用围栏保护它们不受放牧牲畜的影响；迁移的种群将由其他种群的幼苗和移植补充，以增加种群密度和遗传多样性；这些地点将得到积极的管理。

除了上述优先考虑的生物多样性特征外，矿山经营者还需要弥补因矿山建设和运营而对伊朗—安纳托利亚高原关键栖息地造成的损失。橡树林是这一关键栖息地的关键组成部分，据评估，矿山建设导致这一栖息地的净损失为 5.66 公顷。

该矿业公司设定了 6.79 公顷的抵消目标。在这些土地上，矿业公司计划支持保护和丰富现有森林地区的种植，以及在不影响当地进入牧场的情况下重新建立其他合适的栖息地。与受威胁的植物物种一样，补偿的关键栖息地也将通过设置围栏来促进更快的恢复，矿山建设前移植矿区橡树幼苗用于恢复现有森林区。

在这些抵消活动中，该矿业公司计划使用避免全球气温上升的技术，并为每项活动设置了资源、时间表和关键绩效指标，以衡量成功与否。抵消活动也将按照矿山的利益相关方参与计划进行，其中包括要求与受影响的利益相关方公开沟通和协商，以及申诉报告和解决机制。

（3）Ambatovy 镍钴矿

该矿的生物多样性管理战略基于缓解等级的应用，其目标是生物多样性无净损失，或最好是净收益。在这方面，安巴托维主要遵循两个标准——生物多样性抵消标准、国际金融公司环境和社会可持续性绩效标准。这两个标准都要求在考虑实施抵消以补偿生物多样性的任何剩余损失之前，遵守缓解层级的前三个步骤（影响的避免、最小化、恢复或抵消）。然后根据生物多样性抵消标准的原则设计和实施抵消。

避免措施主要在项目设计阶段确定,包括将矿山作业的足迹面积保持在绝对最小,在矿体上建立两个 306 公顷的无区域森林保护区,建造沉积物坝以避免对下游集水区的影响,铺设管道以避开森林碎片等敏感区域,并将加工厂选址在退化的沿海土地上而不是靠近矿山。

最小化措施基于有节奏、有方向的森林砍伐过程,森林砍伐是有计划地分批进行的,使用劳动密集型非机械化方法,从中心到外围缓慢清理,从而允许更多野生动物逃到周围 3500 公顷的保护林中,这些保护林已由安巴托维通过 50 年的土地租赁确保每个林地的最小化遵循三个阶段的协调过程——预清理、清理和清理后。在清理之前,对动植物进行清点,标记关注的植物物种以供抢救,同时标记有筑巢鸟类或哺乳动物的树木以进行保护,直到羽化或被救援。缓解计划由环境和运营团队制定。在清理期间,将抢救和保护优先植物物种(称为关注物种,包括所有兰花)、哺乳动物、鸟类、爬行动物和两栖动物。森林砍伐后,木材被分发给当地社区,灌木则被收集用于覆盖,同时将表土移除并储存用于恢复目的。

安巴托维致力于恢复矿区,从 2015 年开始采用持续恢复方法。其最初制定的恢复愿景是在 35 年内生成与周围森林矩阵一致的多用途替代林;目标是使恢复明确有助于实现生物多样性无净损失,特别是在可行的情况下恢复关键生态价值(例如,濒危物种的种群)并维持受项目影响的生态系统服务的价值和功能。安巴托维正在进行试验以评估各种修复方法。树苗在生产苗圃中生长,而稀有和顽固的物种则在塔那那利佛大学的实验室中通过组织培养进行培育。

为了补偿该矿造成的生物多样性剩余损失,安巴托维制定了一个多方面的补偿计划。该公司一直以 BBOP 发布的文件和方法及向贷方报告的第三方专家进行的定期合规审计等流程为指导。

安巴托维正在完成其补偿设计,而补偿活动的实施已经在一系列地点进行。安巴托维的保护原本会丧失的生物多样性的"避免损失"补偿被利益相关方认为是最合适的机制。在马达加斯加观察到的高森林砍伐率，在现有保护区和大片森林地区的资金特别有限的情况下，作为"德班愿景"的一部分在全国范围内确定要保护，但没有资金承诺扩大保护区。

补偿计划设计的关键步骤包括：检讨发展项目的范围及活动；审查生物多样性抵消的法律框架和/或政策背景；启动利益相关方的参与活动；根据对生物多样性的剩余影响，确定抵消的必要性和可行性；选择损益计算方法，量化剩余损失；审查潜在的抵消地点和活动，并评估在每个地点可以实现的生物多样性收益；计算补偿收益，选择适当的补偿地点和活动；记录补偿设计并进入补偿实施过程。

其中，补偿进程重点强调补偿计划设计技术方面，特别是选择量化生物多样性损失和收益的方法，以及对矿场和上层管道受影响的森林进行初步计算。包括对水生生物多样性和优先物种在内的更详细的评估仍在进行中。

根据研究和密集的实地调查，选择了五个地点作为当前综合抵消计划的一部分。这些地点是根据各种标准确定的，最重要的是其生物多样性（优先物种和受影响的森林类型）的可比性及长期保护措施（即以避免森林和优先物种损失的形式获得的收益，超过了在持续砍伐森林的"一切照旧"情况下会发生的情况）。

（4）Oyu Tolgoi 铜矿

蒙古国 Oyu Tolgoi 铜矿的生物多样性保护，采取了最小化、恢复和补偿措施。

关键的最小化措施包括：①针对电力线路，220 kV 线路 130 km，低/中压线路约 50 km；②对于道路，实施限速，GIS 监控车辆，防止越野驾驶、动物穿越；③提供木材供应替代品，减少对梭梭树及榆树的砍伐；④开展关于生物多样性价值和所需缓解措施的工作人员和承包商的培训；⑤联合当地社区制定教育计划。

关键的恢复措施包括：①创建本土植物繁殖中心；②国内濒危物种的

繁殖；③修复施工期间受影响的废弃道路及地区；④技术修复约 1700 公顷土地；⑤生物修复 520 公顷土地。

关键的补偿措施关注于重点物种，包括：①对于蒙古国野驴的补偿，拆除横贯蒙古国铁路沿线的围栏，以增加牧场栖息地的面积及相互之间的连通性，开放两段围栏；②对于鸟类的补偿，引入非项目电力线路的缓解措施，制定国家野生动物友好型的高低压线路标准；③对于蒙古国野驴和鹅喉羚的补偿，打击偷猎以减少非法狩猎，多个巡逻小队在小戈壁重点保护区内巡逻，训练护林员使用 SMART 空间监测和报告工具。

### 2.3.3　保护成效评价

针对 4 个典型矿山的生物多样性保护策略及其已有成效，已发布的相关文献给出的评价总结见表 2-3。

表 2-3　4 个经典矿山生物多样性保护效果评价综述

| 序号 | 矿山 | 整体评价 | 备注 |
| --- | --- | --- | --- |
| 1 | Mako 金矿 | 良好 | NKNP 补偿地区的野生动物观察数量有所增加 |
| 2 | ÖksÜt 金矿 | 良好 | 2020 年矿山开始建设，无具体实施效果评价 |
| 3 | Ambatovy 镍钴矿 | 良好 | 计划正处于实施的早期阶段。补偿步骤明确，相关指标计算科学 |
| 4 | Oyu Tolgoi 铜矿 | 争议大或失败 | 影响已经造成并在持续产生；补偿定义、补偿地点等存在争议，资金不到位 |

（1）Mako 金矿

塞内加尔 Mako 金矿的生物多样性管理提供了一个良好范例，其他司法管辖区在努力平衡对采矿的支持与履行生物多样性保护承诺时可以参考 Mako 金矿。保护关键的栖息地和物种将是矿山开发能否继续进行的关键因素。自 2018 年该矿开始生产以来，NKNP 补偿地区的野生动物观察数量有所增加，尽管报告生物多样性保护和养护措施的最终成功仍为时过早，然而，该案例表明：

①遵循缓解层级有助于减少采矿对生物多样性和生态系统的整体影响，并最大限度地减少矿业公司的抵消成本。缓解层级的应用必须超出矿山的足迹范围，包括其配套基础设施，以及考虑这些基础设施将如何影响物种及其栖息地。

②如果国家生物多样性战略和行动计划到位，采矿公司的生物多样性管理计划和行动可以支持政府现有的生物多样性保护举措。各国政府不仅必须制定和通过这些计划，而且还必须有效地将这些计划传达给一般公共和私营部门。

③矿业公司的生物多样性补偿可以帮助扩大现有的国家保护区，减少栖息地的碎片化。此外，偏远地区的矿山可以支持国家保护区的管理与监督。

④如果政府承认并支持矿业公司向其资助者承诺量化、记录和跟踪生物多样性行动和补偿成功，生物多样性和生态系统保护就能得到加强。

（2）ÖksÜt 金矿

土耳其 Öksüt 金矿的生物多样性管理提供了另一个参考，其他司法管辖区可考虑将其用于支持生物多样性保护和经济发展。该矿山的发展和矿山经营者及其合作伙伴在矿山生命周期早期的行动表明：

①需要考虑并采取行动的潜在生物多样性和生态系统影响应超出矿山的足迹范围，包括所有相关的基础设施（如通道和电力线）。

②基线研究对于确定矿山建设、运营和关闭对生物多样性和生态系统的潜在影响，以及建立监测这些影响所需的指标至关重要。因此，调查方

案的设计应确保包括制定生物多样性和生态系统指标，以跟踪生物多样性保护行动的成功情况。

③政府应该要求矿业公司分享它们的生物多样性数据。这些数据不仅可以用来跟踪矿山的运行情况，还可以在适当的情况下加强附近保护区的管理。

④抵消目标应超过预期损失，以确保计划的成功。这种安全缓冲区有助于确保某些抵消量达不到的情形下，不需要额外的抵消量（以及相关的规划）。这些目标还应考虑到气候变化的影响，以及抵消计划成功所需的现实时间表。

（3）Ambatovy 镍钴矿

该矿补偿地点包括：

①采矿特许权内的两片非地带性森林（306 公顷）。

②"保护区"：采矿特许权内的一大片区域（3338 公顷），主要是地带性森林。

③Ankerana（5715 公顷），位于矿区以北约 70 km 处的非地带性和地带性森林区域，是非常广阔的 Ankeniheny-Zahamena 森林走廊的一部分。

④Analamay-Mantadia 森林走廊的一部分（7269 公顷）主要覆盖地带性森林，并将矿山"保护区"与曼塔迪亚国家公园连接起来。

⑤矿区东南部的 Torotorofotsy 湿地周围的森林（3876 公顷）。

对该矿进行初步的损失/收益计算，以评估长期保护这些地点的潜力，这有助于评估与安巴托维造成的残余影响相关的森林净损失。选择符合森林状况和范围衡量标准的"栖息地公顷"或"面积×条件"类型的货币作为确定损失和收益的基础，这符合最佳实践，因为"面积×条件"货币比以前经常使用的"仅限面积"货币更先进。就损失而言，预计矿山和上游管道共有 2065 公顷森林受到残余影响，其中 50% 为非地带性森林，23% 为过渡性森林，27% 为地带性森林。

根据适用地区（Brickaville 和 Moramanga）背景森林破坏的基线或"一切

照旧"情景，评估了保护选定抵消地点的潜在"收益"（避免森林损失）。预测避免的损失的选择时间范围是从在每个抵消地点实施首次全面保护干预措施后的三年（介于 2014 年至 2017 年之间），一直延伸到 2040 年。

虽然这些结果是初步估计，并且尚不完整（例如，尚未纳入物种特定的陆地和水域组成部分），但它们为在这五个地点继续进行抵消工作提供了宝贵的框架。基于目前抵消计划的规模，以及在几个地点开始实施之前最大损失的累积，在未来的二三十年内，似乎有可能通过抵消计划来实现矿山运营影响的整体森林净零损失/净增益减少。

抵消计划的范围虽然广泛，但它基于预防方法来解决多种风险和不确定性。抵消计划范围中的三个要点包括：①灵活性，抵消计划允许根据需要确定行动的优先级，并在实施过程中灵活调整以改进结果。针对不同情况可能采用不同的方法，确保灵活地选择最有效和高效的措施。②不确定性，抵消计划考虑了存在许多不确定因素的情况，例如，不同背景条件下的森林砍伐率可能存在差异及大多数公司无法直接控制的因素。③多样性，抵消计划力求涵盖受运营影响的广泛生物多样性组成部分，包括不同类型的森林、各种物种和其他组成部分。

在此背景下，同样重要的是要注意损失/收益计算不包括任何形式的贴现，即基本假设为零贴现率。如果应用正贴现率，将降低损失率，从而降低潜在收益。关于如何为生物多样性抵消计算确定一个有意义且合理的贴现率的协议仍然悬而未决。

损益计算假定所有地点的额外保育成果都可以归因于安巴托维，然而在某些地点可能需要进行调整，以及其他利益相关者的贡献（尤其是 Torotorofotsy 湿地）。

损失/收益计算尚未考虑管道下部、厂区和尾矿设施对改造后的非关键栖息地的生物多样性造成的轻微损失。

未来根据额外数据（例如优先物种分布）和森林砍伐率监测和保护成功情况对计算进行改进，将允许随着时间的推移对抵消计划进行必要的更改和适应性管理。

该矿的补偿计划正处于实施的早期阶段。虽然矿山保护区的强化保护工作已经进行了数年，并且 Ankerana 的活动同样相当先进，但 CFAM 和 Torotorofotsy 湿地正在进行更详细的抵消计划。所有场地的长期治理和管理（例如，通过外包安排）及融资（超出运营预算的资金抵消活动）的安排都在进行中，最终确定土地的法律保护地位的过程也在进行中。

（4）Oyu Tolgoi 铜矿

在矿山运营几年后，其抵消计划仍在准备中。与此同时，戈壁地区补偿项目的可信度受到严重损害，因为在进行适当的基线研究之前，矿山已经对生物多样性造成了相当大的影响，濒危物种栖息地破碎化及采矿基础设施对环境的影响仍然在产生。

目前对于矿山的生物多样性保护措施，仍然存在诸多争议。首先，该矿将补偿作为重点，但补偿应是层级的最后一个措施，应次序性考虑避免负面影响，减轻影响，恢复，最后才是抵消或补偿。其次，该矿生物多样性补偿的含义、定义和实施程序令人困惑。对于哪些可以被视为补偿，哪些不能，也缺乏明确的规定。

补偿项目将对土地和水的影响归咎于当地牧民，而这些影响是由采矿作业和相关基础设施开发造成的。Oyu Tolgoi 铜矿甚至以实现可持续发展的名义努力调整牧民的生活和牲畜管理，且对于提出的禁止捕猎措施，相关人员和资金均未到位。

首先，补偿项目实施的具体地点尚未商定，国内不同部门之间及它们与 Oyu Tolgoi 铜矿之间可能仍存在意见冲突。与此同时，尽管 Oyu Tolgoi 铜矿含糊其词地承诺提高地方当局的能力，但地方政府显然缺乏监督抵消计划的能力。更不用说 Oyu Tolgoi 铜矿对当地民间社会的开放程度，尤其是在公司继续向更偏远和脆弱的地区开展业务的地方，民间社会组织监督此类项目的能力甚至更低。其次，补偿地点有争议：规定必须同省份补偿的合理性被质疑。

　　蒙古国新电力线标准的定义，应尽量减少对鸟类的影响，这对 Oyu Tolgoi 铜矿存在明显的利益冲突，因为这些标准也将适用于连接拟议的 Tavan Tolgoi 煤电厂与该矿山的新电力线。然而，令人不安的是，尽管该矿努力将其中一些影响降至最低，但不得不承认为矿山供电的现有线路正在对濒危鸟类产生严重影响。

　　早在该矿业务和相关影响开始之前，蒙古国政府已经与世界合作推动了铁路沿线项目，因此拟议的旨在拆除已有数十年历史的乌兰巴托—北京铁路沿线围栏的补偿项目受到质疑。

　　由于存在诸多未解决的问题和抵消计划仍未明确定义，与蒙古国的生物多样性抵消相关的"净正面影响"概念是否能够真正取得良好效果是存在疑问的。迄今为止，可以说力拓（Rio Tinto）及其合作伙伴在实施抵消计划方面明显滞后，而最初用于计算假定的净正面影响的基准已经因矿业基础设施建设而不可逆转地发生了变化。这对于力拓来说是其雄心勃勃的政策承诺的明显失败，这样的遗留问题可能会长期存在。

　　从全球不同国家的四个典型矿山的生物多样性保护方案可以看出，蒙古国 Oyu Tolgoi 铜矿，生物多样性缓解措施更关注于后期的补偿，而对前期的避免、最小化和恢复不足。此外，对于补偿的定义、程序、地点及资金都存在不明确的问题，其中的一些方案没有真正地针对矿山运营而是关注当地居民的生活方式，并未意识到真正问题所在。其提出的生物多样性保护计划被严重质疑，甚至被认为是失败的。相比较而言，Mako 金矿、ÖksÜt 金矿、Ambatovy 镍钴矿对于生物多样性的保护更为全面，涵盖了缓解层级的各个层面，做到了在发展阶段考虑避免措施，运营阶段考虑最小化措施和恢复或重建措施，闭坑阶段考虑补偿或抵消措施。此外，其影响范围的计算、评估方式和步骤明确，更早地确定补偿地点和补偿实施范围和时间等细节的明确增加了项目的可行性，并取得了一定的成效。生物多样性保护项目的成败和保护效果不仅与矿业公司有关，也与国家的生物多样性保护政策或措施及保护力度紧密相关。

## 2.4 小结

采矿的影响在全球范围内难以评估。采矿和相关的矿物加工活动对生物多样性产生各类直接或间接负面影响。矿产供应链可能对生物多样性产生广泛但隐蔽的影响。

国际上，政府/非政府组织、金融机构、大型企业、行业联盟等机构制定了各类生态环境及生物多样性保护相关法律法规、规章制度。对比海外相关部门和我国相关部门的法律法规政策，可以看出我国在生物多样性保护方面还存在若干不足：

①起步较晚，相应执行层面的具体规定需进一步完善。近二十年，我国对于生物多样性和生态保护已经建立了相当庞大的法律法规和政策工具库。然而，对于海外投资，尤其是资源开发类投资，相应的治理和监督类政策和工具，仍处于相对初步的阶段，尤其在企业和投资机构实际执行层面，仍有很大提升空间。

②金融机构参与不足。我国金融行业在海外投资领域的生物多样性保护议题，仍处于起步阶段。而且，由于环境效益测算与信息披露的专业程度高、内容庞杂，目前实践中的披露情况尚存在许多问题，比如信息披露缺乏可比性、能力建设有待提升、数据获取与计量方法待完善等。

③企业联盟或协会参与度不足。我国的生态和企业相关协会对生物多样性参与度不够，并未自发制定相关政策，因此需要更多的关注生物多样性。

④矿山相关企业针对生物多样性保护的积极性不够。我国仅有紫金矿业明确针对矿山的生物多样性提出相关的保护政策，并制定了专题宣传

网页。

生物多样性保护仍然存在一些挑战。为实现无净损失的目标而努力涉及众多技术和实际挑战，包括界定适当的生物多样性指标、收集分析和监测生物多样性所需的数据，以及相应需要部署的人力物力。要开发实用的监测系统，以提供可独立验证的信息，需要非常专业的知识和相应技术支持。

然而，这些挑战不应成为推进生物多样性在矿业行业主流化的阻力。在可持续发展成为社会关注焦点的当下，随着技术的不断开发和相关应用型研究的不断发展，现在的挑战将成为明日的机遇。

## 参考文献

［1］ Envision. The Environmental Trade-offs of Mining in a Biodiversity Hotspot［M］. 2018.

［2］ 联合国，生物多样性公约，1992.

［3］ 联合国环境规划署. 生物多样性公约缔约方大会通过的决定 15/4. 昆明-蒙特利尔全球生物多样性框架［Z］. 2022.

［4］ CO-CHAIR S D, IPBES H T N, IPBES M G, et al. Summary for Policymakers of the Global Assessment Report on Biodiversity and Ecosystem Services-unedited Advance Version［R］. 2019.

［5］ UN Global Compact and IUCN, A Framework for Corporate Action on Biodiversity and Ecosystem Services. , 2012.

［6］ STEPHENSON P J, CARBONE G. Guidelines for Planning and Monitoring Corporate Biodiversity Performance ［M］. IUCN, International Union for Conservation of Nature, 2021.

［7］ GARDNER J H, PARSONS A S. Icmm's Good Practice Guidance on Mining and Biodiversity［J］. 2006.

［8］ The Prospectors & Developers Association of Canada（PDAC）. Environmental Excellence in Exploration（e3）Program of the Prospectors and Development Association of Canada［Z］.

［9］ Alec Crawford S F, IGF Case Study：Biodiversity and Mining Governance in Senegal and Turkey：Internet Governance Forum（IGF）2022.

［10］ Amrei von Hase A C, Aristide Andrianarimisa, Rivolala Andriamparany, Vanessa Mass, Robin Mitchell K t K. Working towards NNL of Biodiversity and Beyond：Ambatovy, Madagascar — A Case Study（2014）［R］. Washington, DC：Forest Trends and Ambatovy, 2014.

［11］ Antonio Tricarico R R. Blessed are the last for they shall be first！

# 第3章

# 中企海外矿业项目生物多样性保护措施及分析

目前，人类对矿产资源的需求日益旺盛，全球范围内矿业投资开发日趋活跃。中国作为矿产资源生产和消费第一大国，越来越多地参与到全球矿产资源公共治理中。矿产资源行业具有投资周期长、专业化程度高、可持续发展的特点，需要安全、稳定、透明、可预期的政治、经济和社会环境。作为资本密集型行业，它对经济、社会和环境都会产生一系列深远的影响。在实现矿业经济效益的同时，中国海外矿业企业也需要充分考虑经济、社会和环境的可持续发展，建立与各利益相关方的沟通协作机制，提高负责任经营的意识和能力，做到尊重人权，公正经营，减少生态足迹，妥善处理社区关系，提高透明度，不断提高履行社会责任的能力。

在本章中，我们选取了3个中国的矿业公司生物多样性保护案例进行介绍。基于公司发布的公开信息和相关调研，我们对其海外项目运营情况、生物多样性风险管理和保护行动进展进行了初步整理，并就其保护上的重点工作进行介绍。

# 3.1　中色卢安夏铜业有限公司

## 3.1.1　项目概况

　　成立于 2009 年 11 月的中色卢安夏铜业有限公司(以下简称中色卢安夏)注册地点为赞比亚铜带省(Copperbelt Province)卢安夏市(Luanshya),中色集团持股 80%,赞比亚联合铜业控股有限公司持股 20%。中色卢安夏前身为卢安夏铜矿,是历史悠久的百年老矿,其最早规模开采可追溯到 20 世纪 20 年代,在 60 年代一度达到年产铜金属量 10 万多 t,是赞比亚当时最重要、产量最大的铜矿之一;曾位居世界三大铜矿之列,在国际铜产业中具有较高的知名度。卢安夏虽曾经辉煌,但也历经磨难,在 2008 年金融危机濒临破产之际,中色集团及时出手相助,后在 2009 年参与国际竞标胜出并取得控股权,中色卢安夏由此成立。

　　2009 年 11 月中色卢安夏成立之初,巴鲁巴(Baluba)铜矿年产精矿含铜 1.5 万 t,是中色卢安夏唯一的地下矿山(图 3-1);截至 2019 年底,中色卢安夏已拥有穆利亚希年产 4 万 t 阴极铜湿法冶炼及矿山露天开采年处理 450 万 t 矿量项目、巴鲁巴铜矿年产 1 万 t 铜精矿含铜项目、矿渣选矿年处理 50 万 t 渣矿项目,是一家集采、选、冶一体化的综合性现代化企业。中色卢安夏三大主业呈现齐头并进之势,在优质良性发展的轨道上,历经十余年的历练,发展势头强劲。特别是近几年来,中色卢安夏铜产量、效益、产量三倍于接管时的产量,效益、产量等多项指标屡屡刷新历史记录。2019 年中色卢安夏自产铜金属量达 5.5 万 t,为中国有色集团所属出资企业

图 3-1  赞比亚巴鲁巴铜矿

中自产铜金属量第一的企业。中色卢安夏致力于"资源报国"，现拥有采矿许可证 7 个，矿区面积 132.33 km²，矿区内分布有 8 个矿床/矿点，拥有铜金属资源量 238 万 t，已成为中色集团海外资源开发业务板块的重要支撑。

### 3.1.2　企业现有生物多样性保护措施

（1）合规和资金投入

根据赞比亚的法律法规，矿业公司必须通过赞比亚政府管理的环境保护基金（EPF）为环境保护做出贡献。该基金的主要目标是预防矿山开发区域未来的环境退化。在项目启动和批准阶段，必须进行相关的调研、评估和审查，包括对动植物和濒危物种进行鉴定。中色卢安夏严格遵守法律规定，履行对该基金的资金投入义务。

（2）政策指引

在公司层面，中色卢安夏最高管理层负责制定和执行生物多样性政策，并委托安全与环境等部门执行生物多样性保护计划。在地方政府层面，中色卢安夏根据赞比亚环境管理局（ZEMA）和矿业与矿产发展部等指定机构的指导制定政策。中色卢安夏根据赞比亚作为国际利益相关方批准的条约和议定书执行相关的生物多样性保护政策，例如濒危野生动植物种国际贸易公约（CITES）。

目前，生物多样性保护承诺是根据赞比亚作为成员国签署的国际条约指导下的环境影响评估（EIA）过程的一部分。中色卢安夏的安全环境部门负责履行生物多样性保护承诺的工作，参与当地社区政策的制定和实施，作为有效管理生物多样性保护的途径。

（3）实践案例

中色卢安夏优先考虑保护和维护采矿许可证区域内的动植物栖息，对受干扰地区的栖息地进行恢复干预（逐步完成土地复垦），对未受干扰的各种动植物栖息地进行管控。

采矿许可区域设置了指示标志，要求当地社区人员不进行任何可能破坏生态系统平衡的活动。尽管当地社区对矿区周围生态仍然存在不利影响，中色卢安夏正在努力减少这种影响。

中色卢安夏还对采矿过程中产生的所有废水进行实验分析。具体方法包括指定不易受干扰区域进行固体废物倾倒，并从指定场所收集剥离地表土，以供未来栖息地修复使用。通过喷水来抑制道路上产生的灰尘，以保护现有生态系统。整个矿山运营着一个零排放尾矿储存设施（TSF），使周围的水生和陆地生物免受可能污染的采矿废物的影响。

此外，中色卢安夏逐步修复了已停止采矿活动但仍在作业的地区，开垦土地并恢复自然陆地栖息地，例如 14 号矿井、车间和竖井区域，以及 Musi 大坝的东侧。

2022 年，中色卢安夏启动了在资源开采结束后露天矿生态复垦项目，最终草本植物、灌木和乔木植被将重新出现在这片土地，并进一步吸引当地生态系统中普遍存在的鸟类和昆虫等动物，保护效果如图 3-2~图 3-5 所示。

图 3-2　14 号矿井（拆除井口、有关作业车间后的生态修复区域）

图 3-3　14 号矿井生态恢复的区域

图 3-4　Musi 尾矿植被生长的坝墙

　　此外，中色卢安夏根据具体情况制定适应地方的生物多样性保护措施，努力保护当地的自然生态系统，并尽力避免在经营区域引入外来动植物。在环境影响评估界定的项目区域内，评估组专家对当地具体的生物多样性

图 3-5　Musi 尾矿树种多样的坝墙

指标进行研究和统计，鉴定和记录的内容包括植物区系和动物区系（特别是鸟类区系）。同时，评估组通过问卷调查和现场访谈与当地居民沟通，收集当地关于动植物和关键生物多样性地点的知识和信息。中色卢安夏战略性地限制清除实际采矿地区的植被，以使受干扰的动植物能够以较短的距离迁徙至未受干扰的区域。考虑到土壤中可能含有草本、灌木和乔木的种子，中色卢安夏将这些土壤散布到恢复区，以达到快速有效的效果。中色卢安夏还通过不干扰栖息地等措施来保护在许可证区域内确定的当地特有植物，例如生长在卢安夏 Muva 山间缝隙中的线叶鬼针草（*Batopedina linearifolia*），该植物属于茜草科，原产于印度、斯里兰卡和缅甸，常见于草原和疏林中。在传统医学中用于治疗发烧、头痛和胃病，也被种植于花园中作为观赏植物。

　　中色卢安夏展开的相关保护方案包括实验室检测和有效治理排放污染物，确保污染物在排入环境之前进行适当的处理，并对其进行极度干预。该方案贯穿于工程的整个生命周期，有效地保护了水生生物栖息地。同时，中色卢安夏使用带有降噪机制的设备，避免影响周围环境中各物种的生态相互作用。此外,中色卢安夏还对未计划进行开采的废弃地区进行监测和恢复。企业与部落领袖、地方当局和基于环境的社区代表等地方利益相关方合作,执行生物多样性保护计划。这些团体的参与将确保周围的地方社区对项目产生主人翁意识,并为执行生物多样性保护计划提供必要支持。

总体而言,中色卢安夏设计的主要保护行动包括:

①提高当地社区的参与度和认知,使其了解生物多样性的重要性及其在可持续实施保护干预措施中的作用。

②根据穆利亚希项目环境评价和现行运营环境评价中的环境管理计划做出承诺。

③通过第三方对陆生、水生和鸟类生物进行监测。

④与部落领袖、当地社区合作进行生物多样性保护。

⑤实施扰动区域的修复。

### 3.1.3　企业生物多样性保护面临的挑战

由于采矿许可证区域较大,不容易对整个区域周边进行巡查,导致如下外部挑战:

①周边社区对林产品所产生的生活侵占。

②当地社区居民将保育土地视为耕种土地。

③非法砍伐树木用于生产木炭。

④非法捕猎动物。

⑤对项目区陆生和水生生物的定期评估、生态栖息地的保存和保护等活动需要专门的预算经费。

# 3.2 青山控股集团印尼工业园区红土镍矿

## 3.2.1 企业概况

镍不仅是传统产业中制造不锈钢的必需原料，也是新能源产业中制造镍氢电池的重要成分。印尼镍矿资源丰富，镍矿储量居全球第一，是全球镍矿供应第一大国。根据美国地质勘探局（USGS）的数据，目前印尼拥有约2100 万 t、占全球 22% 的镍资源，储量位居全球第一。从产量上看，根据阿格斯的统计，2022 年印尼达到 120 万 t 的原生镍产量，占世界原生镍产量的1/3。印尼红土镍矿的储量和产量都很丰富，但是当地镍矿加工业的发展受到了一些因素制约，比如基础设施薄弱、工艺落后、人才缺乏等。中国青山控股集团自 2008 年以来，在全球范围内进行了布局与战略安排。在2009 年，青山实业董事局旗下上海鼎信投资（集团）有限公司与印尼八星投资有限公司合资成立了苏拉威西矿业投资有限公司（SMI）（图 3-6），获得了印尼红土镍矿的开采权，开采面积为 47040 公顷。企业在进行生产建设的同时，也在筹建镍铁冶炼厂项目，即 SMI 年产 30 万 t 镍铁冶炼及配套 2×65 MW 火力发电项目，含镍量为 10%~11%，该项目是中国印尼经贸合作区青山园区的第一个入园项目。作为共建"一带一路"倡议在印尼落地的重点项目之一，历经多年发展，青山控股在印尼的两个园区落户了越来越多中资企业，不断促进印尼当地经济发展，为中印尼互利共赢的合作续写了新的篇章。

图 3-6 苏拉威西矿业投资有限公司(SMI)

## 3.2.2 企业现有生物多样性保护措施

(1)资金投入

SMI 为生物多样性保护设置特别基金,并将其纳入年度工作计划及预算中。预算费用包括采矿后土地重组、植被修复、植树、野生动物保护、污水处理、沉淀池及环境监测费用(径流和河流水质监测、环境空气质量监测和土壤分析、矿山的环保成本,包括采取生物多样性措施及方法的投入预算纳入公司年度计划和预算)。

(2)政策指引

SMI 所遵循的规章制度由公司结合印尼法律法规、政府条例和公司实际运营情况制定。

SMI 设有专门的管理部门负责生物多样性保护，实行专人专管。公司已通过 ISO 环境管理体系认证，结合印尼环境保护相关法律法规拟定如下规章制度来管控和落实生物多样性保护管理：《环境保护管理制度》《环境保护约谈办法》《大气污染防治管理制度》《废水排放管理制度》《安全环保工作会议管理制度》《危险化学品安全管理制度》。

SMI 始终不断完善环境管理体系建设，积极按照环境管理体系认证要求开展环境保护，优化环境管理相关规章制度，公司内部大力宣传环境保护、生物多样化保护理念、规章和措施并全员参与。

（3）实践案例

青山控股集团把绿色发展的理念认真贯彻到项目建设和日常经营管理中，以高标准严格要求并认真履行企业的环保责任。矿山通过优化生产工艺、节能减排等措施，对采掘后的所有矿区进行有序复垦复绿。青山控股集团在日常经营管理过程中，积极履行企业的社会责任，采取有效措施和方法保护生态环境：遵守政府有关环境保护的法律法规，投入人力、物力等，成立专门的环境保护部门，制定并实行全员参与、专人专岗、专人负责的环境保护、生物多样性保护的有效规章制度、体系、措施和办法。整体上，青山控股集团将在积极遵守印尼环境保护法律法规基础上，根据企业实际情况，持续做好生物多样性保护方面的工作，与自然和谐共处，实现企业与环境共同发展。

SMI 能够独立执行生物多样性保护工作，具体表现包括在环境保护特别是生物多样性保护方面得到第三方专业的技术咨询和服务支持，完善补充相关的专业知识培训和规章制度。

# 3.3　紫金矿业集团股份有限公司 Buriticá 金矿

## 3.3.1　项目概况

哥伦比亚 Buriticá(武里蒂卡)金矿位于哥伦比亚武里蒂卡市,是世界上最大的超高品位金矿之一,金品位为 6.93 g/t,见图 3-7。2019 年 12 月,紫金矿业集团股份有限公司(紫金矿业)宣布以约 70 亿元人民币,现金协议收购大陆黄金全部股份,从而获得哥伦比亚武里蒂卡金矿 100% 权益。自 2020 年 10 月运营以来,武里蒂卡金矿已成为紫金矿业黄金业务的新增长点。武里蒂卡金矿的技术升级和扩建于 2021 年完成。在达到设计产能后,该矿的生产能力从每天 3000 t 增加到 4000 t,黄金年产量从 7.8 t 增加到 9.1 t。武里蒂卡金矿矿床类型为浅成热液型,采选方法为地采+重选、浮选、氰化浸出。该项目是哥伦比亚的国家级矿业发展项目,被哥伦比亚政府认定为"国家战略利益项目"。2022 年,金矿产量为 8 t,是哥伦比亚黄金产量最大的地采矿山。

## 3.3.2　企业现有生物多样性保护措施

(1)资金投入

按照环评要求,紫金矿业为矿山的生物多样性保护活动设置了相应资金,主要包含在环保的投资和环保运营的费用中。

图3-7　哥伦比亚 Buriticá金矿

（2）政策指引

紫金矿业采取"避免、减少和缓解""边开垦边修复"的管理策略，设立生态修复专项资金，最大限度地保障植被覆盖在所有生产经营点区域。通过保护生物多样性，对土地进行合理规划，实施生态修复，尽可能减少对土地的扰动和对生态环境的影响。

紫金矿业为指导各生产经营点做好生态保护工作，制定了《生态环境保护政策声明》《生物多样性工作指引》《环境秩序管理基本标准》等。紫金矿业还建立环保责任体系，对各子公司、承包人生态环保工作进行定期考核，通过签订生态环保责任书，明确各层级人员生态环保工作责任，确保生态保护政策落地。

紫金矿业制定了《绿化工作导则》《环保生态巡查管理规定》《环保生态考核管理制度》等规定，内容涵盖对矿区生态补偿、生态修复、各子公司年度环保生态目标绩效执行责任考评等方面，并以此为指导进行定期核查，为各子公司开展绿化设计、复垦、水土保持等工作提供规范和技术参考，使得生物多样性计划覆盖采矿活动的全生命周期。

（3）实践案例

在生物多样性保护方面，紫金矿业严格参照国际标准，通过以下 4 个步骤有效展开工作。第一步是避免，即在采矿作业的过程中，尽可能避免对生物多样性造成影响。第二步是缓解，即在矿山生产活动中尽可能减轻对生物多样性的破坏。避免应尽可能在事前进行，如果已经造成实际影响，必须要将损失控制到最小化。第三步是复垦，即在采矿生产过程同步实施复垦，其效果好于在项目闭坑后再进行复垦。第四步是生物补偿，即对矿山项目周边的区域甚至其他区域进行种植或者额外种植，保护生物多样性。紫金矿业严格参照国际公认的矿业与金属委员会（ICMM）的相关规范标准，并参考当地政府的环保相关法律以及公司内部环保政策制定详细的环境管理计划，认真贯彻生物多样性保护。具体表现为：

①对采矿造成的扰动范围（包括森林植物面积）进行详细调查后，再进

行项目建设。项目整个厂区面积达 72 公顷，厂区周边的森林占地面积大概为 926 公顷。

②收集周围森林树种，建设苗圃（图 3-8）繁育植物，在适当的地方补种回本地的树种。矿山特别繁育 24 个树种，每年苗圃树苗产量约为 10 万棵。除了用于矿区周边的绿化种植，部分树苗会被捐给安提奥基亚省政府、企业及社区。企业积极参与环境保护活动，在周边的社区展开生态修复工作。该矿山连续两年获得安提奥基亚省环境主管部门颁布的可持续发展奖，这是对紫金矿业武里蒂卡金矿的肯定和鼓励。

图 3-8  种苗培育

③特别重视对濒危、珍稀物种的保护工作。在生物多样性保护过程中，注重识别、繁育和补种工作，增加本地生物群，并按照当地法律法规进行保护。

④对于野生动物进行救助和放生。目前，矿山被哥伦比亚认可为生物多样性示范点。根据相关数据统计，矿山如今已成为 347 种野生动物的栖息地。矿山附近还存在着一个由哥伦比亚政府批准的猫科动物保护项目：

哥伦比亚一共有 6 种小型豹猫，而在武里蒂卡金矿矿区周围就发现了其中 5 种的生存痕迹。矿山与政府部门、国际性环保组织展开合作，认真实施豹猫保护计划，如给豹猫搭建悬崖之间的生物走廊等。

⑤严格执行政府部门批准的环境补偿计划，其中包括专项的土地购买、相关的保护措施及后续的行动。矿山项目对地表造成影响的面积约 70 公顷，要购买专门用于环境补偿的土地 575 公顷，总投入为 250 万美元左右。

矿山的环境补偿工作已经发展到和 43 个家庭签订了环境补偿协议。以前是每年直接给他们经济补偿，现在已转化为一个可持续发展项目，投资指导这些家庭养蜂、种植咖啡，等等。这样既能使居民获得更多收益，又能保护环境。紫金矿业不断努力，积极参与到国际竞争的氛围当中，不断提升公司的 ESG 评级。企业充分认识到生物多样性与人类的身心健康、空气、饮用水、土壤、气候环境密切相关，开采活动可能对地表造成一定破坏，勘探、采矿和冶炼活动如果管理不当，可能会对生态环境造成不利影响。企业将尽最大努力确保脆弱的生态系统、栖息地和濒危物种不受损害，严格按照相关制度和规范，制定出负责的矿区关停方案，切实做到守土有责。

### 3.3.3　企业生物多样性保护面临的挑战

哥伦比亚政府在环境保护的管理和规范方面主动向各国际环境保护组织靠拢，且哥伦比亚国家、州政府在环境管理方面要求严格，对于生物多样性的要求特别注重细节，哥伦比亚相关法律法规严格要求矿业企业执行生物多样性保护政策，不断优化矿山生产管理制度。紫金矿业武里蒂卡金矿在生物多样性保护方面面对巨大压力。

武里蒂卡金矿主要采用中深孔爆破嗣后充填方法进行金属矿地下开采，对地表塌陷影响小。但矿区上部有哥伦比亚的非法采矿组织存在，他们拥有武装力量，会侵占矿山的巷道，威胁到矿山工作人员和设备的安全。当巷道被侵占后，矿区上部的矿房就无法进行充填，这可能会造成地表塌陷。

## 3.4  中国矿业企业生物多样性保护措施革新

生物多样性丧失被认为是全球三大环境危机之一。随着全球物种灭绝的速度不断加快，生物多样性的丧失和生态系统的退化对人类生存和发展产生重大风险。生物多样性与公众密切相关，因此仅靠政府的努力不足以扭转生物多样性丧失的趋势。生物多样性的保护、可持续利用和惠益分享涉及多个行业。中国矿业企业的生存和发展都依赖于生物多样性、自然资源和生态系统服务功能。但与此同时，资源的开采和使用、转换及生产与消费等商业行为均对自然产生了不同程度的不利影响。破坏生物多样性会妨碍商业活动，给企业带来物理风险、监管风险或声誉风险。当前，企业在市场创新、成本收益、企业形象与生物多样性保护结合方面仍有提升空间。

在对外投资合作中，中国政府一直鼓励和引导企业坚持绿色发展的理念。中国生态环境部和有关部门联合印发实施了《关于推进共建"一带一路"绿色发展的意见》等政策文件，对实施项目的环境保护提出了明确要求。当今我国生态环境保护工作面临新的历史时期、新的挑战和新的发展机遇。世界面临的重大环境问题中，国际社会也把生物多样性退化和气候变化并列起来，并且许多国家已经把生物多样性上升到国家战略资源的高度。生物多样性保护在当前国际形势下，已经成为现代企业无法回避的问题。

在企业建设管理中，"绿水青山就是金山银山"的理念不断深入中国矿业企业。企业社会责任的目标是促使当代企业形成能够让生态资源的获取和环境资源的弥补相统一的发展趋势，该趋势目前已经开始从企业社会责任（CSR）转向企业 ESG。中国矿业海外企业通过多种途径采取措施进行矿区修复和生物多样性保护：

①矿业企业通过生物多样性清查与风险评估工作，在矿山建设、开发前规划生物多样性恢复计划。矿业企业根据当地情况采取不同的保护措施，建立起较为完备的迁地保护体系，如植物园、野生动物救护繁育基地及种质资源库、基因库等。着重当地生态保护红线，基于生物多样性保护区域，明确区内生物多样性资源，保护重要物种栖息地，维护自然生态系统。

②面对采矿行为对自然造成的破坏，建立起各类生态系统、物种的监测观测网络，及时进行生态修复补救，下大力气进行治理，处理好生态环境保护与经济发展的关系，实现从荒山到绿洲的生态转换。贯彻"绿水青山就是金山银山"的理念，以高质量的经济发展培育新动能，促进生态产品的价值实现和保值增值。

③矿业企业从设计、规划、建设、运营和闭矿的全阶段，都融入生物多样性保护理念，按照"生态优先、科学规划、合理择址、规范施工、有效运营"的原则，于开发中保护，保护中开发。把生物多样性保护作为矿业开发可持续发展的根基、目的和方法。在生态保护中找寻发展机遇，推动矿业生产和员工生活方式的绿色转型升级，实现生物多样性保护与经济发展的双赢，对生物资源科学合理、可持续利用，留给自然生态休养生息的时间和空间。

④实施濒危物种保护性拯救工程，通过人工繁殖扩大种群，最终实现放归自然。加强对保护、获取、利用和惠益共享生物遗传资源的管理与监管，确保其安全。要结合实际，有针对性地开展调查研究，摸清生物遗传资源底数，查清重要生物遗传资源分布状况、保护状况和利用状况，进行重要生物遗传资源调查与保护成效评估。

⑤建立一套合理有效的资源开发生态补偿机制，规范相关企业的生产行为，降低和避免破坏程度和不良后果。通过核算矿产资源开发造成的各项指标的价值量损失，确定生态补偿的需要量。持续开展多项旨在恢复退化生态系统、增强生态系统稳定性、提升生态系统质量的生态保护与修复工程。

⑥加强矿区濒危野生动植物修复保护工作、种质和遗传资源保存工作，将生物资源可持续利用与产业化融合，以生态环境保护工程促进科教融合，加大生物多样性人才培养力度，逐步构建生物多样性保护技术体系和生物资源可持续利用技术体系。在生物多样性领域坚持共商、共建、共享、对外合作不断深化的原则。

⑦设立生物多样性保护领域研究专项，构建数据库和信息平台，健全相关技术和标准体系，如生物多样性调查、观测和评价等，为保护生物多样性提供强有力的科技支撑。实施战略性生物资源计划专项，健全生物资源采集平台，建立种质资源创新平台、遗传资源衍生库和天然化合物转化平台，不断加大野生生物资源保护利用力度。

⑧矿业废弃地向矿山公园的转变是矿区提高综合效益、实现可持续发展的一条创新途径。矿山公园通过修复矿区生态环境、保护矿业遗迹、发展矿业旅游、展示矿业文明来促进转型，实现废弃地再生。

中国矿业海外企业实践中能够充分意识到生物多样性的价值，走上保护之路；但生物多样性保护还"不够主流"，存在着转型困难、意识、能力不足，利益相关方参与程度低等问题。部分企业在环境管理方面特别是生物多样性保护方面的基金不充足，难以落实到位。不同规模的企业在态度、层次等方面存在较大差异，一些企业参与生物多样性保护的意识和能力还有提升空间，需要更系统地引导和赋能。部分企业对于当地政府监管与约束认识不充分，企业和利益相关方的协同机制还未很好地构建。此外，东道国政府及当地政府的政治、经济、治安条件，对中国企业海外项目的生物多样性保护工作也会有一定影响。

中国矿业海外企业的生物多样性保护工作需要在以下方面继续加强和完善。

①提高生物多样性保护意识，将生物多样性理念贯彻到项目的全生命周期中。顶层设计中纳入生物多样性保护理念，从价值链、企业商誉、市场竞争优势等战略高度上重视生物多样性，从而为企业的长治久安、行稳致

远打牢基础。

②加强机构能力建设,学习和掌握生物多样性保护的措施和方法。对标国际领先矿企,调配资源补上企业发展短板;参与行业标准的制定工作,打造中资矿企的示范模板。

③制定、调整、完善企业的规章制度、流程、标准,积极应用"缓解层级"等方法,在项目周期的不同阶段采用相应的措施和方法,减少生物多样性损失。

④积极鼓励产业链上下游企业采用生物多样性保护措施,从而促进全产业链达到生物多样性零净损失的阶段目标。从自身做起,建立高标准体系,抢占战略制高点;设置阶段目标,带动供应链上下游企业共同进步,从而创建良好的市场生态。

## 3.5　小结

　　生物多样性是地球存在和发展的基础，保护生物多样性就是保护地球家园，实现社会、企业、环境的和谐持续发展。企业是依赖、影响和利用以生物多样性和生态系统服务为基础的自然资本的主体，是生物多样性主流化的参与单位。企业参与生物多样性保护能规避生物多样性风险，合理利用资源，降低运营成本，获得更大的社会认可，从而提高市场机会和竞争力。

　　本章对赞比亚中色卢安夏铜业有限公司卢安夏铜矿、青山控股集团印尼红土镍矿、紫金矿业集团哥伦比亚 Buriticá 金矿的生物多样性保护工作以及面临的挑战展开了分析。中国矿业海外企业注重维护中国的大国形象，认真改善对所在国的环境影响，严格遵守生物多样性保护的相关法律法规，注重提高企业和员工的生物多样性保护意识，承担社会责任。中国矿业海外企业通过设立保护矿山生物多样性基金，强化生物多样性保护合作机制，积极配合当地政府、社区和研究机构参与生物多样性保护工作，构建生物多样性全周期监测、评价和保护体系，为促进中国矿业海外企业可持续发展创造良好的生物多样性保护实践案例。

　　中国矿业海外企业充分认识到：生物多样性的重要性不仅在于内在价值，社会价值、文化价值、精神价值也同样是其重要组成部分。中国矿业海外企业通过与政府、社区和研究人员展开协作，将生物多样性挑战转化为机遇。中国矿业海外企业也将继续加强和完善生物多样性保护，进一步完善环境管理体系建设，积极按照环境管理体系认证要求开展环境保护。同时，通过不断实践与学习，提高生物多样性相关知识水平，以应对国际新形势的要求。此外，借鉴和学习生物多样性补偿机制和保护库机制，建立和完善生态补偿机制、矿业企业环保信誉积分机制。

中国矿业海外企业将积极承担企业环保责任，在世界生物多样性保护平台上与利益相关方展开合作，促进政、产、学、研、用深度融合。把生态重建与再生、循环利用、生态文化作为重要内容，高标准推进绿色矿山建设，实现生态效益、经济效益和景观效益的共赢，走出一条以"生态优先、绿色发展"为导向，具有中国矿业企业特色的优质发展新路，在全球生物多样性保护工作中发出中国声音，贡献中国力量和中国智慧。

第4章

# 总　结

①中国矿业海外投资发展已有 20 余年历史，在中国政府的支持下，一批有实力的企业积极开展海外投资。目前我国企业开展矿业海外投资的形式主要有三种：一是在国外直接进行矿产开发；二是通过设立境外生产基地、合资合作等方式向国外输出产品和技术；三是对国外已有矿业企业进行重组并购，使之成为跨国企业。海外投资成为中国企业经营国际化的重要手段，中国矿业公司在开拓市场、提高经济效益、实现规模发展方面取得了一定成绩。通过加强国际合作和资源开发利用，我国矿业公司和企业在发达国家积累了丰富的投资、开发经验，实现了资本运营能力和业务规模的快速提升。同时也推动了我国矿业技术进步和升级，提高了我国矿产资源开发利用水平。目前中国是世界第二大经济体，在全球经济一体化发展过程中，面对经济全球化挑战，我国矿山企业更要抓住机遇、迎接挑战、积极参与国际竞争与合作。

为解决企业"走出去"过程中遇到的困难，中国矿业企业应积极探索海外投资管理机制，建立健全企业跨国经营战略管理体系和风险防范体系，建立境外矿产资源勘查开发项目的地质、环境等风险分析和评价制度，开展境外投资项目的投资前论证。在生态环保方面，参照国际通行做法，不断完善内部环境管理体系，强化制度建设，制定并严格执行体系内各项管理制度，建立从项目建设前的尽调环节到项目关闭后的矿山全生命周期环境管理体系。企业要高效利用自然资源和能源，回收和减少废物，努力保护生物多样性，积极应对全球气候变化，以减少对未来的影响。

②采矿业常常被认为是导致生物多样性破坏的产业。在全球范围内，如何使得采矿业变得生物多样性友好，是一个备受关注的话题。采矿的影响在全球范围内比较难以评估。采矿和相关的矿物加工活动直接排放碳，通过人为气候变化对生物多样性产生负面影响。矿产供应链可能对生物多样性产生广泛而隐蔽的影响，供应链和全球贸易可以产生广泛的生态足迹。然而，矿业对生物多样性的影响在很大程度上仍然未知。

国际上，政府/非政府组织、金融机构、大型企业、行业联盟等机构制定了较为健全的生态环境及生物多样性保护相关法律法规、规章制度。相关制度指引国外企业在矿山生物多样性保护方面取得显著成效，可为中国企业海外投资项目提供借鉴。然而，部分国外企业生物多样性保护实践案例具有争议，甚至被认为是失败的。对比海外相关部门和我国相关部门的法律法规政策，可以看出我国在生物多样性保护方面还存在若干不足：a. 起步较晚，相应执行层面的具体规定需进一步完善。近二十年，我国对于生物多样性和生态保护已经建立了相当庞大的法律法规和政策工具库。然而，对于海外投资，尤其是资源开发类投资，相应的治理和监督类政策和工具，仍处于相对初步的阶段，尤其在企业和投资机构实际执行层面，仍有很大提升空间。b. 金融机构参与不足。我国金融行业在海外投资领域的生物多样性保护议题，仍处于起步阶段。而且，由于环境效益测算与信息披露的专业度高、内容庞杂，目前实践中的披露情况尚存在许多问题，比如信息披露缺乏可比性、能力建设有待提升、数据获取与计量方法待完善等。c. 企业联盟或协会参与度不足。我国的生态和企业相关协会对生物多样性参与度不够，并未自发制定相关政策呼吁对生物多样性的关注。d. 矿业相关企业针对生物多样性保护的积极性不够。我国仅有紫金矿业针对矿山的生物多样性提出相关的政策，而其他企业鲜有提出针对自己企业矿山项目的生态多样性保护措施等相关信息。

③重点分析了 3 家中企海外矿山投资项目(中色卢安夏铜业有限公司、青山控股集团印尼红土镍矿、紫金矿业集团股份有限公司哥伦比亚 Buriticá 金矿)涉及的生物多样性保护工作。新建矿山设计开发前,须评估矿山生产可能对所在地区环境带来的影响并进行项目可行性论证,通过环评提出相应的预防治理措施。在矿山环境评价期间,企业均已对矿区生物多样性开展了详尽的调查并重点标记保护对象。调研企业参考当地政府法律法规,ICMM 及 IUCN 因地制宜地开展了生物多样性保护工作,积极与当地高校等第三方机构合作,企业在生物多样性保护技术层面未曾面临困难。

中国矿业海外企业都充分认识到:生物多样性不仅具有重要的内在价值,而且具有重要的社会、文化和精神价值。中国矿业海外企业通过与政府、社区和研究人员的协作,将生物多样性挑战转化为机遇。中国矿业海外企业也将继续加强和完善生物多样性保护,进一步完善环境管理体系建设,积极按照环境管理体系认证要求开展环境保护。同时,通过不断实践与学习,提高自身的生物多样性的知识水平以应对国际新形势的要求。学习和借鉴生物多样性补偿机制,在建立和完善生态补偿机制上有所突破和创新。学习和借鉴保护库机制,在形成矿业企业环保信誉积分制上有所突破和创新。

中国矿业海外企业会在世界生物多样性保护的平台上,积极承担企业环境保护责任,同利益相关方合作,推动政、产、学、研、用深度融合。将生态重建再生、循环利用与生态文化作为重要内容,高标准推动绿色矿山建设,实现生态效益、经济效益、景观效益共赢,走出一条中国矿业企业特色的"生态优先、绿色发展"为导向的高质量发展新道路,在全球生物多样性保护工作中率先发出中国声音,贡献中国力量和中国智慧。

**图书在版编目(CIP)数据**

矿业生物多样性保护初探 / 杨春，常方蓉，杨珊等
编著. —长沙：中南大学出版社，2023.9
ISBN 978-7-5487-5490-9

Ⅰ. ①海… Ⅱ. ①杨… ②常… ③杨… Ⅲ. ①海外
投资—矿业投资—影响—生物多样性—生物资源保护—
研究—中国 Ⅳ. ①X176②F832.6

中国国家版本馆 CIP 数据核字(2023)第 146469 号

## 矿业生物多样性保护初探
### KUANGYE SHENGWU DUOYANGXING BAOHU CHUTAN

杨春　常方蓉　杨珊　等　编著

| □出 版 人 | 吴湘华 | |
| □责任编辑 | 史海燕 | |
| □责任印制 | 唐　曦 | |
| □出版发行 | 中南大学出版社 | |
| | 社址：长沙市麓山南路 | 邮编：410083 |
| | 发行科电话：0731-88876770 | 传真：0731-88710482 |
| □印　　装 | 长沙创峰印务有限公司 | |

| □开　　本 | 710 mm×1000 mm 1/16 | □印张 8 | □字数 111 千字 |
| □版　　次 | 2023 年 9 月第 1 版 | | □印次 2023 年 9 月第 1 次印刷 |
| □书　　号 | ISBN 978-7-5487-5490-9 | | |
| □定　　价 | 60.00 元 | | |